"十四五"国家重点出版物出版规划项目
世界兽医经典著作译丛

U0606175

猪病毒
——致病机制及防控措施

PORCINE VIRUSES: FROM PATHOGENESIS TO STRATEGIES FOR CONTROL

〔亚美尼亚〕霍瓦金·扎卡良（HOVAKIM ZAKARYAN） 主编

封文海 主译

中国农业出版社
北 京

翻译人员

主　译　封文海

副主译　刘平黄　张鹤晓

译　者　封文海（教授，中国农业大学）

　　　　刘平黄（教授，中国农业大学）

　　　　张鹤晓（研究员，中国海关科学技术研究中心）

　　　　杜银平（博士，江苏省扬州市畜牧兽医和水产技术指导站）

　　　　陈鑫鑫（副研究员，河南省农业科学院动物免疫学重点实验室）

　　　　王红蕾（博士，河北大学附属医院）

　　　　刘　芳（博士，中国农业大学）

　　　　聂圣明（硕士，中国农业大学）

　　　　韩海格（博士，中国农业大学）

审　校　张鹤晓　刘平黄

前言

对人类来说，猪肉是最完整的蛋白质膳食来源之一。根据联合国粮食及农业组织的数据，到2050年，动物蛋白产量将增长3倍，包括猪肉在内的肉类产量将翻一番。由于耕地面积无法按比例增加，因此有必要加强集约化养殖。然而，动物的病毒性疾病给养殖业造成了严重的损失，是全球养猪业的主要威胁。因此，了解这些病毒的分子生物学、发病机制、宿主-病毒相互作用和流行病学知识，对于减轻病毒暴发负担至关重要。

本书的总体目标是回顾在全球猪群中出现的最重要和最危险的猪病毒，涵盖过去几十年里我们已经了解的很多不同的DNA和RNA病毒。在第1部分内容中，我和我的同事讨论了非洲猪瘟病毒（ASFV），这是家猪和野猪高致命性出血热的病原体。它是一种大的、有囊膜的双链DNA病毒，是目前唯一已知的DNA虫媒病毒，因为它是由钝缘蜱属的软蜱传播的。最近，ASFV被引入格鲁吉亚，然后传播到俄罗斯联邦、白俄罗斯、乌克兰和一些欧盟成员国。在缺乏有效疫苗和抗病毒药物的情况下，这种病毒继续对养猪业构成全球风险。第2部分内容介绍了猪瘟病毒（CSFV）。CSFV是黄病毒科猪瘟病毒属的一种小的有囊膜的RNA病毒。尽管目前已有减毒活疫苗，但由于猪瘟感染仍与高死亡率相关，因此它仍然是全球养猪业的主要威胁。Sandra Blome总结了CSFV的特性、发病机制、临床表现和控制方案。第3部分内容重点介绍口蹄疫病毒（FMDV）。FMDV是小核糖核酸病毒科的原型成员，会引起急性全身性水疱病，影响全世界的牲畜。Francisco Sobrino及其同事讨论了FMDV感染的不同方面，包括通过接种疫苗和其他抗病毒策略来控制病毒的新策略。该部分内容还介绍了当前的病毒诊断方法。在第4部分内容中，Sheela Ramamoorthy和Pablo Piñeyro概述了猪圆环病毒，并着重介绍1997年首次分离的猪圆环病毒株2（PCV2）。PCV2是一种单链DNA病毒，属于环状病毒科。PCV2感染本身只引起轻微疾病，但其他感染等辅助因素与严重疾病的发展有关。该部分内容详细讨论了其分子生物学、发病机制、免疫应答、诊断和控制策略。第5部分内容是关于引发严重腹泻和脱水的猪流行性腹泻病毒（PEDV）。虽然该病毒最初是在欧洲发现的，但在中国、日本、泰国和菲律宾等亚洲国家已经成为尚待解决的问题。由于仔猪的高发病率和死亡率，PEDV对受影响国家造成了沉重的经济负担。李昌熙讨论了病毒的分子和细胞生物学，以及诊断程序、流行病学和控制策略。在第6部分内容中，André Felipe Streck和Uwe Truyen描述了猪细小病毒（PPV）的生物学、致病潜力和毒株变异。这种病毒被认为是无临床症状母猪出现繁殖障碍的主要原因，没有母系临床症状。PPV是一种小的、无囊膜的单链DNA病毒，属于细小病毒科。尽管在接种疫苗的畜群中损失较低，但在未接种疫苗的畜群，或在新毒株正在传播的畜群中，PPV可引起毁灭性的流产风暴。第7部分内容专门介绍猪繁殖与呼吸综合征病毒（PRRSV）。PRRSV属动脉炎病毒科，是一种小的有囊膜的RNA病毒，该病毒感染会导致猪群繁殖障碍和仔猪的呼吸道疾病。在该部分内容中，Alexander Zakhartchouk及其同事总结了目前对PRRSV的认识，包括病毒分子生物学、病毒-宿主细胞相互作用、发病机制、诊断程序和流行病学；还概述了目前可用的疫苗和一种新型疫苗的研究进展。最后一部分内容（第8部分内容）介绍猪水疱病病毒（SVDV），它属于小核糖核酸病毒科肠道病毒属。SVDV在基因上与人类柯萨奇病毒B5高度相关。SVDV可以引起水疱病，临床症状与口蹄疫相似。Francisco Sobrino、Belén Borrego及其同事讨论了理解SVDV感染周期所必需的不同方面，还概述了目前通过接种疫苗控制SVDV的策略和其他抗病毒策略。

　　这本书耗时大约一年完成。在此期间，为了改进和呈现高质量的阅读材料，我首先要感谢我们所有的作者，感谢他们的重要工作、热情和合作。此外，我还要感谢凯斯特学术出版社的Annette Griffin在这段时间里给予我的巨大帮助和耐心。最后，也是最重要的，我要感谢我的家人，尤其是我美丽的妻子卡米拉，感谢她在整个写作和编辑过程中给予我的宝贵支持。

霍瓦金·扎卡良（Hovakim Zakaryan）博士

主译：封文海

审校：张鹤晓　刘平黄

目录

1　非洲猪瘟病毒

African Swine Fever Virus

Erik Arabyan, Armen Kotsinyan, Astghik Hakobyan, Hovakim Zakaryan[*]

翻译：聂圣明　封文海；审校：刘平黄　张鹤晓

Group of Antiviral Defense Mechanisms, Institute of Molecular Biology of the National Academy of Sciences, Yerevan, Armenia.

*Correspondence: h_zakaryan@mb.sci.am

https://doi.org/10.21775/9781910190913.01

1.1　摘要

非洲猪瘟病毒（African swine fever virus，ASFV）是属于非洲猪瘟病毒科（*Asfarviridae*）的一种DNA病毒。其感染可在家猪和野猪中引起一种高致死率的急性出血性传染病——非洲猪瘟（African swine fever，ASF），在急性发病状况下该病死亡率高达100%。目前，ASF在非洲和欧洲流行传播，并给流行地区造成了巨大的经济损失。本章将从ASFV的发现和流行、分子生物学、细胞生物学、发病机制等方面对其进行介绍，同时对比了高毒力和低毒力ASFV毒株感染后的病理变化差异，以便于我们了解这一病毒性传染病。此外，本章还对现有的ASFV诊断方法进行总结，并概述了科研工作者们为开发出安全高效的ASFV疫苗在过去的几十年间做出的努力以及取得的成果。同时，作为疫苗的替代选择，我们也对抗ASFV药物的研究进行了总结和讨论。

1.2　流行历史

非洲猪瘟最早在1909年于非洲国家肯尼亚的家猪中发现。随后，1921年Montgomery对这一急性出血性疾病进行了报道，认为这是不同于古典猪瘟(classical swine fever，CSF) 的一种新的猪病(Montgomery，1921)。此后，非洲国家南非和安哥拉也相继发现了该病(Gago da Câmara，1933；Steyn，1932)。尽管Gago da Câmara等认为这种疾病不是丹毒，但直到1943年其病毒性病原才被确定(Mendes，1994)。有趣的是，研究发现安哥拉的本地猪群对非洲猪瘟具有较强的抵抗力，因此其可能是欧洲家猪感染非洲猪瘟的源头(Mendes，1994)。针对非洲猪瘟的早期研究也表明，非洲猪瘟在非洲的传播与非洲野猪有关(Montgomery，1921)。而直至1963年，Sánchez Botija对软蜱 *Ornithodoros erraticus* 参与非洲猪瘟在西班牙的传播流行进行研究报道后，非洲猪瘟的虫媒传播途径才为人们所知(Sánchez Botija，1963)。此后，在非洲南部和东部进行的研究也发现软蜱 *O. moubata* 参与了非洲猪瘟在家猪和野猪中的传播流行(Penrith 等，2004)。

非洲大陆以外的首例非洲猪瘟疫情于1957年在葡萄牙被报道。1960年非洲猪瘟疫情在伊比利亚半岛暴发并开始在此地长期流行(Wilkinson，1984)。此后，非洲猪瘟疫情在欧洲的其他国家也时有暴发，例如法国（1964、1967、1974年）、意大利（1967、1969、1993年）、安道尔（1975年）、比利时（1985年）、马耳他（1978年）、荷兰（1986年）。自1978年非洲猪瘟在欧洲大陆地方流行以来，经欧洲各非洲猪瘟流行国家的努力后被净化（撒丁岛地区除外）。2007年，由于高加索地区格鲁吉亚一次非洲猪瘟的引入导致非洲猪瘟第二次在欧洲重新出现。在格鲁吉亚暴发后，非洲猪瘟快速蔓延至俄罗斯、亚美尼亚、阿塞拜疆等周边国家，以及许多东欧国家和欧盟国家（爱沙尼亚、立陶宛、拉脱维亚、波兰、捷克和罗马尼亚等）。由于缺乏针对ASFV的疫苗及抗病毒药物，同时全球贸易活动日益增加，目前非洲猪瘟的传播受到了全世界范围内的广泛关注。

1.3 分类

起初，由于ASFV病毒粒子形态与虹彩病毒（*Iridovirus*）相似，其被归类于虹彩病毒。然而，随着对ASFV的进一步了解，特别是对其基因组序列的分析，ASFV被重新划分入一个新的DNA病毒科 *Asfarviridae*（ASFAR，African swine fever and related viruses）(Penrith 等，2004)。目前，ASFV是该病毒科的唯一成员。2009年的一项研究通过比对DNA聚合酶PolB的基因序列在两种病毒间的差异发现，环状异帽藻 *Heterocapsa circularisquama* DNA病毒与 *Asfarviridae* 病毒科具有相近关系，此项研究表明陆地病毒和海洋病毒可能同时出现在同一个病毒科内(Ogata 等，2009)。而在2015年，La Scola 等在 *Vermamoeba vermiformis* 中分离出新的巨大病毒Faustovirus，并发现尽管Faustovirus的基因编码量是ASFV的3倍以上，但其基因组序列与ASFV具有相似性(Reteno 等，2015)。同时，也有研究发现，另外两个巨大病毒Kaumoebavirus和Pacmanvirus与ASFV

和Faustovirus在系统发育树中处于同一分支(Andreani等，2017；Bajrai等，2016)(图1.1)。这些已有的发现以及新的巨大病毒的发现在将来或许会改变人们对*Asfarviridae*病毒科的认识。

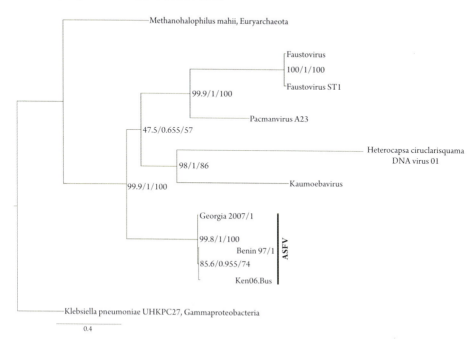

图1.1　基于*Asfarviridae*科中病毒DNA聚合酶PolB氨基酸序列的系统发育分析结果

依据ASFV *B646L*基因的部分序列在ASFV毒株之间的差异，研究人员将ASFV分为23个基因型(Bastos等，2003)。最近的一项研究又在埃塞俄比亚鉴定发现了第24种基因型的ASFV毒株(Achenbach等，2017)。同时，由于软蜱参与了ASFV在非洲(*O. moubata*)和欧洲(*O. erraticus*)的传播循环，ASFV也是目前已知的唯一一种虫媒DNA病毒。

1.4 ASFV分子生物学特征

1.4.1 ASFV病毒粒子结构

ASFV病毒粒子呈直径为200 nm左右的二十面体结构。对密度梯度离心纯化的ASFV粒子进行双向电泳分析发现，ASFV病毒粒子包含54个结构蛋白(Esteves等，1986)。这些结构蛋白定位于不同的病毒结构中：内部核心（包含病毒基因组DNA）、病毒核心壳（蛋白质层包裹形成的病毒拟核）、内层脂膜以及病毒衣壳(Andres等，1997)。被释放到细胞外的病毒粒子还包含一层在出芽时获得的外层脂膜囊膜。外膜结构与细胞质膜结构类似，并且其上分布有一些病毒蛋白，例如p12、p24和pE402R等(Almazan等，1993；Carrascosa等，1993；Sanz等，1985)。

ASFV病毒衣壳大约由2 000个壳粒以六方晶格排列的方式形成。电镜结果显示，病毒衣壳蛋白具有六边形轮廓，并且在其中心有一个孔洞，壳粒间的距离为7.4～8.1 nm (Carrascosa等，1984)。*B646L*基因编码的p72蛋白是壳粒的主要成分，其总分子质量约占ASFV病毒粒子蛋白分子质量的1/3 (Carrascosa等，1986)。目前研究发现，p72蛋白的正确折叠依赖于另一个病毒蛋白pB602L的表达，在这个过程中pB602L作为分子伴侣发挥作用(Epifano等，2006a)。而病毒衣壳蛋白的另一组分pE120R，其参与病毒粒子组装的过程依赖于p72的表达，并且pE120R参与由微管蛋白介导的ASFV病毒粒子由病毒工厂向细胞质膜转运的过程(Andres等，2001)。结构蛋白pB438L的缺失会使病毒粒子形成管状结构，可见pB438L可能参与维持ASFV病毒粒子二十面体结构的稳定(Epifano等，2006b)。

除结构蛋白外，ASFV病毒粒子还包裹着众多的非结构蛋白，例如参与病毒转录复合体形成的蛋白、加帽蛋白、聚腺苷化蛋白、核苷三磷酸磷酸酶，以及核蛋白，例如DNA结合蛋白p10和与细菌组蛋白类似的pA104R等(Andres等，2002；Salas，1999)。

1.4.2 ASFV基因组结构

ASFV基因组是长度为170～193 kb的线性dsDNA分子(Chapman等，2008)，基因组长度差异主要由ASFV编码的MGF (the multigene families)家族基因的增添或缺失造成。ASFV基因组包含5个MGF家族：MGF100、MGF110、MGF300、MGF360和MGF505/530（数字反映了该家族基因编码的平均密码子数）。ASFV基因组序列比对结果显示，不同ASFV毒株包含不同MGF110和MGF360家族基因的缺失(Chapman等，2008)，并且在细胞系培养条件下对分离的野毒进行连续传代会造成MGF110家族基因的缺失，说明MGF110家族基因可能影响ASFV在不同宿主中的毒力(Pires等，1997)。依据ASFV基因组的保守性，可以将其分为三个区域：位于基因组中间位置的保守区域，以及位于基因组左端（长度38～47 kb）和右端（长度13～16 kb）的两个高变区（图1.2）。同时，ASFV基因组的两条链都具有编码基因的功能，两条DNA链编码的基因紧密排布并且没有内含子序列，基因的启动子序列较短并且富含A+T，基因组末端呈闭合环状的发卡结构(Gonzalez等，1986)。

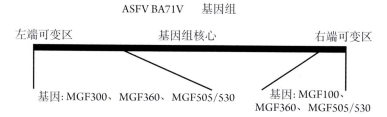

图1.2　ASFV BA71V 毒株的基因组结构，基因组左端和右端的高变区为MGF家族基因

1.5　ASFV 细胞生物学特征

1.5.1　ASFV 进入细胞

ASFV感染家猪和野猪后会首先感染其天然靶细胞单核细胞和巨噬细胞。ASFV的细胞嗜性表明单核细胞和巨噬细胞的特异性受体可能对ASFV的感染是必需的。CD163是一类在单核巨噬细胞系中特异性表达的高亲和性清道夫受体。有研究发现，CD163抗体可以剂量依赖性抑制ASFV对巨噬细胞的感染，说明CD163分子在ASFV进入细胞的过程中发挥重要作用(Sanchez-Torres等，2003)。然而最近的一项研究发现，利用CRISPR/Cas9系统构建的CD163基因敲除猪对ASFV毒株Georgia2007/1的感染不具有抵抗能力，由此可见还有其他的巨噬细胞表面分子蛋白参与了ASFV进入宿主细胞的过程(Popescu等，2017)。除细胞受体外，目前对病毒吸附宿主细胞所需的病毒蛋白也进行了大量研究。研究发现，p12、p32、p54和p72的中和抗体处理后，ASFV对Vero细胞和巨噬细胞的吸附和内化均受到了抑制，表明这些病毒蛋白在ASFV的早期感染中发挥一定的作用(Carrascosa等，1991；Gomez-Puertas等，1996)。但与此同时也有研究发现，杆状病毒表达系统表达的p32、p54和p72蛋白免疫后不能提供保护作用(Neilan等，2004)。这一结果表明，还有其他病毒蛋白在ASFV进入细胞的过程中发挥重要作用，为发现决定ASFV细胞嗜性的宿主蛋白及在其进入细胞的过程中发挥重要作用的病毒蛋白仍需要进行大量的后续研究。

ASFV吸附细胞后，通过网格蛋白介导的内吞作用和微胞饮作用进入细胞。一般认为，网格蛋白介导的内吞作用是直径不超过100 nm的小型和中型病毒进入细胞的方式(Schelhaas，2010)。然而有研究发现，在网格蛋白参与形成的体积较大的细胞囊泡中可以检测到ASFV病毒粒子，说明网格蛋白介导的内吞作用可以参与大型病毒（例如ASFV）对细胞的感染(Hernaez等，2016)。同时也有研究发现，ASFV经网格蛋白介导的内吞作用进入细胞时，动力蛋白的GTPase活性发挥着重要作用，同时这一过程也需要细胞膜上的被膜小窝蛋白Eps15和胆固醇的参与(Galindo等，2015；Hernaez和Alonso，2010)。而Sánchez等利用光学和电子显微镜观察证实，ASFV可以通过一种类似于巨胞饮的作用感染Vero细胞和猪巨噬细胞，并且这一途径是ASFV进入细胞的主要方式，利用抑制剂（例如Na^+/H^+离子通道、Pak-1、PI3K、肌动蛋白、EGFR、Rac-1和酪氨酸激酶等的抑制剂）对巨胞饮作用的关键调控蛋白进行抑制后，ASFV进入细胞的过程被明显抑制(Sanchez等，2012)。除单核细胞和巨噬细胞外，ASFV还可以感染血管内皮细胞、淋巴细胞等其他细胞，由此不难推测网格蛋白介导的内吞作用和巨胞饮作用可能增加ASFV感染不同类型细胞的能力。

内化完成后，ASFV 颗粒在整个内溶酶体系统中移动。相关研究发现，利用对内体成熟具有抑制作用的渥曼青霉素和诺考达唑处理细胞后，ASFV的感染受到了明显影响，可见病毒在内溶酶体系统中的转运对建立ASFV成功感染是非常重要的(Hernaez等，2016)。感染细胞15 ～ 30 min后，在早期内体中可以检测到几乎完整的ASFV病毒粒子的存在，30 ～ 90 min后，病毒随着溶酶体内部环境的酸化在晚期内体中完成脱衣壳过程(Hernaez等，2016)。同时有研究证实，在体外条件下将ASFV病毒粒子暴露于低pH环境可以模拟病毒的脱衣壳过程，可见晚期内体的酸化是ASFV脱衣壳的起始信号。脱衣壳过程一旦完成，病毒内膜就会与内体膜进行融合，裸露的病毒核心被释放到细胞质中，随后被转运到细胞核周围的病毒组装部位，开始DNA的复制。

1.5.2 ASFV 的病毒工厂，基因表达和DNA复制

微管系统是细胞内长距离物质转运的主要机制，其在将ASFV转运到细胞核附近的病毒工厂这一过程中发挥着重要作用。早期研究发现，在利用Triton X-100提取得到的细胞骨架中ASFV病毒粒子与微管蛋白相互结合(de Matos和Carvalho，1993)。而更进一步的研究发现，病毒结构蛋白p54与动力蛋白存在直接的相互作用，这种互作可能是ASFV随微管蛋白转运的分子基础(Alonso等，2001)。ASFV的病毒工厂是由微管蛋白参与形成的一个大的近核区域，在其中病毒完成自身蛋白的表达、DNA的复制以及病毒粒子的组装等过程。除了电子显微镜外，荧光染料（DAPI 或 Hoechst）染色细胞和病毒DNA也可以识别发生 DNA 复制的病毒工厂(Hernaez等，2006)。除这些方法外，Karalyan还发明了一种利用Feulgen萘酚黄染色技术和流式成像技术观察ASFV病毒工厂及检测病毒基因组总量的简便方法(Karalyan等，2018)。

从基因表达的时序上可以将ASFV的基因分为四种类型：立即早期基因、早期基因、中期基因和晚期基因。ASFV基因的表达与ASFV基因组DNA的

复制协同进行，其中病毒DNA的合成预示着ASFV基因表达程序的重要转变。立即早期基因和早期基因在ASFV DNA复制前表达，这些基因编码参与核苷酸代谢以及DNA复制的酶，同时也编码一些参与晚期基因表达的转录因子(Rodriguez和Salas，2013)。而中期基因和晚期基因的表达依赖于基因组DNA的复制，在存在DNA复制抑制剂的条件下，检测不到这些基因的表达。中期基因和晚期基因编码的ASFV结构蛋白，聚合酶以及转录因子在转录表达后会被包装到新生的病毒粒子中。然而，目前对ASFV基因在不同时期表达调控的分子机制了解得较少。最近，笔者团队与Walter Doerfler博士（德国埃朗根-纽伦堡大学病毒研究所）合作发现，ASFV DNA在感染过程中不进行甲基化修饰，说明ASFV DNA的甲基化不参与病毒基因的转录表达调控(Weber等，2018)。

利用原位杂交及放射性同位素标记法研究ASFV基因组DNA的复制发现，ASFV DNA的复制可以分为两个时期：早期感染时的细胞核时期及紧随其后的细胞质病毒工厂时期。ASFV在细胞核中合成的基因组片段较短，可以通过核纤层解体被释放到细胞质中，但这些小片段并不会进一步形成大的基因组片段，可见ASFV DNA复制的主要场所是位于细胞质的病毒工厂(Ballester等，2011；Rojo等，1999)。然而ASFV的增殖在无核细胞中会受到明显抑制，说明细胞核中ASFV DNA的复制对病毒基因组复制的顺利进行起着重要作用，但这一时期在病毒基因组复制中的具体功能目前仍然是未知的(Ortin and Vinuela，1977)。目前，ASFV DNA复制的具体分子机制同样是不清楚的。现有研究结果表明，ASFV感染晚期会出现头对头和尾对尾的基因组DNA复制中间体，而这种中间体在牛痘病毒DNA复制过程中同样存在，可见ASFV DNA复制的分子机制与牛痘病毒相似(Baroudy等，1982；Rojo等，1999)。同时电镜及原位杂交技术研究结果显示，在新生病毒成熟过程中，病毒DNA会皱缩形成拟核结构并被装载到二十面体病毒粒子内(Brookes等，1998)。而病毒的多聚蛋白pp220和pp62在病毒粒子核心的正确组装及成熟过程中发挥着重要作用，抑制它们的表达会导致中空病毒粒子的产生及释放(Suarez等，2010)。

1.5.3 ASFV调控细胞凋亡和自噬

病毒感染后，细胞可以启动细胞凋亡来抵抗病毒感染，从而抑制病毒感染及增殖。ASFV感染可以激活细胞的内质网应激反应和未折叠蛋白反应，这两个反应被激活后会先后激活caspase-12、caspase-9和caspase-3，从而诱导细胞凋亡(Galindo等，2012)。由于病毒需要在活细胞中进行复制，ASFV编码多种病毒蛋白抑制细胞死亡的进行，为自身复制创造有利条件。早期研究发现，ASFV的两个病毒蛋白A179L和A224L分别与Bcl-2家族蛋白和凋亡抑制蛋白IAP具有同源性(Chacon等，1995；Neilan等，1993)。A179L在病毒感染早期和晚期表达，在不同的ASFV毒株间是保守的，可定位于线粒体和内质网膜上，并且具有Bcl-2家族蛋白所具有的BH结构域(Hernaez等，2013)。研究结果表明，A179L可以与多个Bcl-2家族蛋白的BH3结构域结合，并且可以与具有促凋亡活性的Bid蛋白截短体，以及促凋亡蛋白Bak和Bax发生互作(Galindo等，2008)。而A224L在病毒感染晚期表达，并被包装在病毒粒子内，具有抑制caspase-3的激活以及激活NF-κB的功能(Nogal等，2001；Rodriguez等，2002)。除A179L和A224L两个蛋白外，也有研究发现EP153R缺失的重组病毒感染后细胞内caspase-3活性明显提高，说明EP153R具有抑制细胞凋亡的功能。进一步的研究表明，EP153R能够在诱导细胞凋亡后降低细胞蛋白p53的反式激活活性(Granja等，2004；Hurtado等，2004)。

细胞自噬是细胞通过溶酶体降解途径对细胞内含物（蛋白质、细胞器等）回收再利用的一个重要通路。这一过程同样可以通过摄取并降解病原菌蛋白和病毒蛋白，抑制病原的增殖。而病原为逃逸自噬对自身的清除也进化出了多种拮抗手段。研究发现，ASFV A179L蛋白不仅可以与Bcl-2家族蛋白互作抑制细胞凋亡，也可以通过与Beclin1的BH3结构域互作抑制细胞自噬，而诱导细胞自噬后，感染病毒细胞的数量显著减少，可见抑制细胞自噬的进行对ASFV建立感染过程非常重要(Hernaez等，2013)。

1.6 ASFV致病机制

ASFV可以通过口腔、鼻腔、蜱虫叮咬等方式传播感染。在不同毒力ASFV感染的情况下，ASF可能出现100%致死率，或临床症状不明显甚至不发病等不同的临床表现。ASFV感染存在4～15d的潜伏期，而在亚急性感染情况下潜伏期则更长。ASFV感染后24 h，感染猪就会出现明显的病毒血症，30 h后在几乎所有组织器官中都能检测到病毒的存在。在病毒血症期间，ASFV可以吸附在红细胞、中性粒细胞和淋巴细胞上(Plowright等，1994)。目前普遍认为，ASFV感染破坏猪巨噬细胞在ASFV致病尤其是破坏宿主凝血系统的过程中发挥着不可或缺的作用。

1.6.1 患病猪的血细胞病变

ASFV感染后，患病猪在病毒毒力及宿主自身因素等条件的综合影响下可能会出现白细胞减少症和血小板减少症等症状。急性感染后2～3d，患病猪会出现明显的中性粒细胞减少症和淋巴细胞减少症，并且带状核中性粒细胞与分页核中性粒细胞的比例相比于未感染个体会上升10倍(Karalyan等，2012a)。与此同时，感染期间宿主体内出现大量未成熟的晚幼粒细胞，可见ASFV急性感染时宿主血液中会出现大量未成熟的血细胞（Karalyan等，2012）。除此之外，Karalyan等还发现在急性感染的晚期，超过10%的血细胞会形成异形淋巴细胞（这些细胞代谢水平高，细胞核形状发生变化，存在超二倍体DNA），并且在淋巴器官特别是脾脏和淋巴结中也可以观察到大量异形淋巴细胞的存在(Karalyan等，2012a、b；Karalyan等，2016；Zakaryan等，2015)。但是在急性感染晚期，ASFV会使淋巴细胞（B淋巴细胞、辅助性T淋巴细胞等）数量减少至正常水平的一半。与此同时，急性感染时宿主体内巨噬细胞也出现明显下降(Ramiro-Ibanez等，1997；Zakaryan等，2015)。关于ASFV感染引起血小板减少症的早期研究结果表明，血小板减少症发生在急性感染的晚期(Anderson，1986；Anderson等，1987)，然而笔者团队发现在ASFV感染3d后，宿主体内血小板的数量已经出现了明显下降(Zakaryan等，2014)。这些实验结果表明，ASFV感染后临床症状的发生及其程度与病毒毒力密切相关。

在低毒力ASFV感染条件下，宿主体内血细胞数量变化较小，只会引起淋巴细胞的少量下降，而中性粒细胞的数量会略微上升(Wardley，1982)。在慢性ASFV感染条件下，巨噬细胞和B淋巴细胞数量在感染后1周内数量会增加至正常水平的2倍，随后在感染后第2周恢复到正常水平，而在此期间CD4$^+$和CD8$^+$T淋巴细胞的数量增加，并且外周血单核细胞的SLA I和SLA II分子表达水平也出现升高，说明在这一阶段免疫系统被激活。然而在感染后第3周，SLA I和SLA II分子表达水平明显下降，使得抗原递呈过程受到破坏。随着宿主有效的抗病毒免疫反应的出现，SLA I和SLA II分子的表达水平会逐渐恢复正常，患病猪得以存活(Ramiro-Ibanez等，1997)。

1.6.2 患病猪的机体病变

高毒力ASFV感染后，患病猪会出现高热、精神抑郁、厌食、呕吐、水样及血样腹泻、结膜炎、心跳加速、呼吸窘迫、妊娠母猪流产、皮肤出血发绀、肌肉运动不协调等诸多症状。在致死性感染条件下，还会出现血管病变，导致胃、肝和肾脏淋巴结的出血，形成出血性瘀斑，脾脏充血性肿大，肺水肿，弥散性血管内凝血等(Gomez-Villamandos等，2003)。

ASF是一种以多器官的出血性病变为特征的出血性病毒传染病，并且伴随着血液中巨噬细胞数量的减少，主要可以造成胃、肝以及肾脏淋巴结的出血。除胃、肝以及肾脏淋巴结外，ASF还会造成肺部、肠道以及心脏的出血。研究发现，虽然急性感染下，患病猪的血管病变程度相比于亚急性感染较轻，但感染晚期患病猪的出血以及凝血障碍是急性ASF的主要特征（Neser and Kotze，1987）。起初，人们认为内皮细胞受损是ASFV造成出血的主要原因（Colgrove等，1969）。然而超微结构实验结果显示，在淋巴结和肾脏出血时，这些组织器官的内皮细胞未受到ASFV感染（Carrasco等，1997b）。因此虽然感染后期ASFV在毛细血管内皮细胞中的复制会造成血管损伤从而引发出血，但这并不是ASFV引起宿主多器官出血的首要原因。此后，有人提出毛细血管内皮细胞的吞噬活化是引起多器官出血的原因。ASFV感染后，活化的内皮细胞与邻近的单核细胞和巨噬细胞的广泛感染和破坏同时发生。被ASFV感染的单核细胞和巨噬细胞会分泌大量的细胞因子，这些具有促炎作用的细胞因子可以活化内皮细胞（Salguero等，2005），已知促炎细胞因子如IL-1和TNF-α会触发内皮的促凝血状态并激活病毒性出血热中的凝血级联反应（Akinci等，2013；Basler，2017）。

脾脏是仅次于淋巴结的ASFV感染的靶器官。在急性感染条件下，患病猪脾脏呈紫黑色并且明显肿大，贯穿整个腹腔，相较于正常脾脏要大6倍（Carrasco等，1995）。镜检条件下可以发现，脾脏内巨噬细胞分布密集的部位病变程度要明显强于其他部位。在这一过程中，ASFV感染会大量破坏脾脏红髓中的巨噬细胞，进而激活凝血系统，使红细胞在脾索中大量积累，导致脾脏的血细胞清除功能被严重破坏（Carrasco等，1997a）。而在慢性ASFV感染条件下，脾脏的充血性肿大症状相对较弱，并且在感染后期会恢复到正常大小。

高毒力ASFV感染同样会引起患病猪的肺水肿。猪肺中的巨噬细胞群包括间质巨噬细胞、游离圆形肺泡巨噬细胞和位于与内皮相邻的肺毛细血管中的肺血管内巨噬细胞。定位于肺毛细血管的肺血管内巨噬细胞可能是ASFV感染肺部的主要靶细胞。在ASFV感染肺部之前，肺部的巨噬细胞会被ASFV感染后产生的炎性介质激活（Carrasco等，1996；Carrasco等，2002）。同时，细胞碎片促进肺毛细血管内巨噬细胞的吞噬激活。巨噬细胞激活会使得血管内压增加，血管产生一系列的生理变化，最终导致肺间质和肺泡水肿。

1.7 诊断

临床症状的出现是ASFV在家猪和野猪中开始传播的第一个警钟，及早的检测确认有利于政府部门尽快采取防控措施。然而其他猪病，尤其是经典猪瘟、猪皮炎肾病综合征、猪丹毒、猪沙门氏菌病等与ASF具有类似临床症状的猪病的存在，使得ASFV的诊断具有一定的复杂性。因此，快速、灵敏、高

1 非洲猪瘟病毒 | 11

效地检测ASFV不仅对尽早采取ASF防控措施具有重要意义，而且对其他猪病的诊断也非常重要。目前，世界动物卫生组织推荐的ASFV检测方法主要包括以下几类：①病毒分离；②荧光抗体检测；③实时荧光定量PCR检测；④常规PCR检测(Oura等，2013)。当需要对大量样本进行检测时，也可以使用酶联免疫吸附测定法（enzyme-linked immunosorbent assay，ELISA），但是其灵敏度要低于PCR检测(Oura等，2013)（图1.3）。

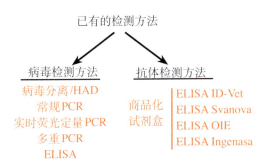

图1.3　临床样品和实验室样品的检测手段

常规PCR是检测ASFV的常用方法(Bastos等，2003；Steiger等，1992；Wilkinson，2000)。但由于实时荧光定量PCR相较于常规PCR具有诸多检测优势，因此该方法目前正逐步取代常规PCR成为检测ASFV的常用手段。King等首先开发了用于ASFV的实时荧光定量PCR检测方法，这种检测方法将ASFV *B646L* 作为检测基因，同时包含一段人为设计的DNA序列，可以排除假阳性的干扰。对25个ASFV样本的检测结果显示，此方法不会误检出其他猪病毒(King等，2003)。Zsak等同样开发了一种用于ASFV的实时荧光定量PCR检测方法，此方法同样将 *B646L* 作为检测基因，但相较于King等的方法具有更高的灵敏度，并且仅需在一个含有PCR试剂的反应管内进行(Zsak等，2005)。与此同时，McKillen等报道了另外一种实时荧光定量PCR检测方法，他们将ASFV的 *9GL* 基因作为检测片段，通过对15种不同的ASFV毒株进行检测，发现用 *9GL* 基因检测ASFV具有很高的灵敏性和特异性(McKillen等，2010)。而目前灵敏度最高的PCR检测手段是基于LATE-PCR（Linear-After-The-Exponential-PCR）原理开发的。该检测方法将 *B646L* 作为扩增基因，对19种在细胞中培养的ASFV及3个组织样品的ASFV检测结果表明，其检测灵敏度在1～10个拷贝之间，并且在实验室条件下以及具备便携式PCR仪器条件下均可进行检测(Ronish等，2011)。同时Wernike等开发出可以同时对多种病毒进行检测的实时荧光定量PCR检测方法，比如可以跨物种检测包括ASFV在内的6种动物病毒的单管多重PCR检测方法，以及同时检测和区分多种猪病毒的PCR检测方法(Grau等，2015；Haines等，2013；Hu等，2016；Wernike等，2013)。然而这种多重检测方法相较于单一检测ASFV的实时荧光定量PCR来说灵敏度较低。

在难以配备昂贵的PCR检测系统的低收入国家，基于抗原的ELISA检测方式是替代PCR检测方法的有效手段。目前已有多种商品化的ASFV抗原检测ELISA试剂盒，例如西班牙英吉纳公司、法国IDvet公司以及瑞典SVANOVIR公司的ELISA试剂盒，但是目前关于这些试剂盒检测灵敏度的报道较少。

1.8 ASFV疫苗

为开发出可以有效控制ASF的疫苗，科研人员们尝试了多种疫苗开发策略，例如减毒活疫苗（传统型和基因重组病毒）、灭活病毒、ASFV亚单位疫苗等，但截至目前仍未研制出可用的商品化疫苗(Zakaryan and Revilla，2016)。

ASF在西班牙和葡萄牙首次暴发后，ASFV就被分离出来并尝试用连续细胞传代的方法对病毒进行致弱。致弱病毒免疫后可以对同源ASFV的感染产生长期有效的抵抗作用，但是对异源病毒不能提供交叉保护作用(King等，2011；Leitao等，2001；Mulumba-Mfumu等，2016)。同时，目前对ASFV疫苗交叉保护作用的认识也是不充分的，比如一些研究发现在利用同源ASFV免疫不能提供交叉保护的情况下，异源ASFV免疫反而能提供一定的保护作用(King等，2011；Lacasta等，2015)。除了这种不确定性之外，ASFV减毒活疫苗免疫后会造成多种副作用，例如使猪出现坏死灶、流产和肺炎等症状。同时有研究结果表明，连续传代致弱的ASFV免疫后会使免疫猪表现出慢性非洲猪瘟临床症状(Manso-Ribeiro等，1963)。在免疫猪体内B淋巴细胞、CD8[+] T细胞、巨噬细胞数量增加的同时，也可能出现血液中 γ 免疫球蛋白水平升高、免疫系统被过度激活的情况(Leitao等，2001)。因此，减毒活疫苗的安全问题和无法提供交叉保护的问题仍然亟待解决。

理论上讲，缺失某些关键基因的ASFV重组病毒可以解决传统减毒活疫苗的安全问题。在过去的20多年里，科研工作者们发现了多个具有疫苗开发潜力的ASFV毒力相关基因。例如，缺失*CD2v*基因的ASFV重组毒株BA71ΔCD2免疫后不仅可以对亲代病毒BA71的感染提供保护作用，对异源ASFV E75同样可以提供交叉保护作用(Monteagudo等，2017)。然而，利用毒力相关基因致弱ASFV开发疫苗的策略在不同ASFV毒株间存在较大差异。比如，TK (thymidine kinase) 基因缺失的Malawi和Georgia毒株毒力虽然都明显减弱，但仅TK基因缺失的Malawi毒株免疫后可以提供保护作用(Sanford 等，2016)。同时也有研究发现，NL基因的缺失会致弱E70毒株，但另外两项利用其他两种ASFV的研究结果则表明，NL基因的缺失对这两个ASFV毒株毒力没有影响(Afonso等，1998；Neilan等，2002；Reis等，2016)。多基因的缺失相较于单基因缺失可能会进一步致弱ASFV从而提高ASFV疫苗的安全性，但最近的一些研究发现多个毒力相关基因缺失后，其提供的保护作用也减弱。例如，*B119L*和MGF-360/505家族基因同时缺失的ASFV Georgia毒株不能对免疫猪提供保护作用，而单独缺失*B119L*或MGF-360/505家族基因的ASFV Georgia毒株则可以提供保护作用(O'Donnell等，2015a；O'Donnell等，2015b；O'Donnell等，2016)。

目前，利用灭活病毒开发疫苗的策略是失败的。不论是纯化后灭活的病毒粒子，利用戊二醛固定巨噬细胞后获得的灭活病毒，还是去垢剂处理ASFV感染的肺泡巨噬细胞系获得的灭活病毒，即使在使用佐剂的条件下也都不能对免疫猪产生保护作用(Blome等，2014；Forman等，1982；Kihm等，1987；Mebus，1988)。究其原因可能是ASFV病毒粒子包含超过50种结构蛋白，病毒粒子结构过于复杂。

亚单位疫苗相较于减毒活疫苗来说，只包含特定的一些病毒蛋白作为抗原，并且拥有优化的递送系统，相对不易产生不良反应。然而鉴定出免疫原性最优的ASFV抗原的工作复杂且耗时。目前的研究发现，表达ASFV蛋白p30和p54的杆状病毒载体疫苗免疫后可以对ASFV毒株E75提供保护作用(Gomez-Puertas等，1998；Neilan等，2004)，但p30、p54和p72三个病毒蛋白的联合免疫对高毒力的ASFV毒株Malawi不能提供保护作用(Neilan等，2004)。同时也有研究发现，CD2v、p30、p54和泛素蛋白融合表达的亚单位疫苗对ASFV毒株E75不具有保护作用(Argilaguet等，2013)。在最近的一项研究中，Jankovich等利用47个ASFV抗原对猪进行免疫接种，并用DNA和重组痘病毒进行刺激，之后利用致死剂量的ASFV毒株Georgia 2007/1对免疫猪进行攻毒，结果所有攻毒猪均表现出急性ASF的临床症状(Jancovich等，2018)。综合这些研究结果可见，为鉴定出可以提供有效保护作用的ASFV抗原，仍然需要大量的后续研究。同时，为优化免疫策略，在ASFV抗原的递送方式、接种剂量和免疫方法等方面也需要进行大量的实验摸索。

1.9 ASFV抗病毒药物

尽管对于一种疾病最好的防控策略是杜绝其发生而不是治疗疾病，但在合理的成本范围内开发出有效的抗病毒治疗方法可能对ASF的防控具有诸多益处。抗病毒治疗可以延长患病猪的存活时间，辅助其产生有效的抗病毒免疫反应，其在临床的应用将对隔离疫区阻止ASFV的进一步传播起到重要作用。

核苷类似物是抗病毒药物研发的重要领域。通过插入病毒核酸中或者干扰病毒复制关键酶（例如DNA聚合酶）的功能，核苷类似物类药物可以起到抑制病毒复制的作用。目前已有多项研究对核苷类似物对ASFV的抗病毒活性进行了实验评价(Arzuza等，1988；Gil-Fernandez和De Clercq，1987；Gil-Fernandez等，1987)。研究表明，9-[(S)-3-羟基-2-(膦酰甲氧基)丙基]腺嘌呤和碳环型3-Deazaadenosine相较于其他核苷类似物具有较强的抗ASFV活性。而笔者团队最近的一项研究成果也发现，新的核苷类似物家族RAFI(rigid amphipathic fusion inhibitors)的aUY11和cm1UY11可以抑制Vero细胞和猪巨噬细胞中ASFV的复制，并且这种抑制作用随着药物剂量的增加而增强(Hakobyan等，2018)。这两种药物发挥抗病毒作用的最佳时期是ASFV感染的内化阶段，可以使病毒下降3.5个滴度。此前关于RAFI家族化合物的研究显示，RAFI家族的核苷类似物可以通过靶向病毒囊膜的脂质，阻碍病毒囊膜和细胞膜的融合，从而抑制病毒对细胞的感染(Colpitts等，2013；St Vincent等，2010)（图1.4）。由此可见，基于aUY11和cm1UY11与病毒囊膜和细胞膜的互作机制，它们可以用于开发抗病毒药物。

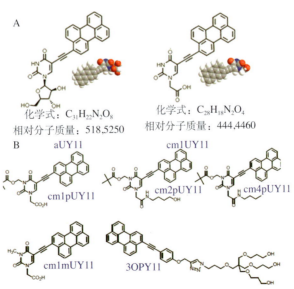

图1.4 RAFI家族化合物。A.具有抗ASFV活性的aUY11和cm1UY11。B.其他具有未知生物活性的RAFI家族化合物

相较于人工合成化合物而言，天然化合物由于其副作用较小以及来源丰富等优势在抗病毒药物的开发中占据着重要地位(Zakaryan等，2017)。研究发现，硫酸酯化多糖通过其带负电荷的硫酸盐基团可以与ASFV带正电荷的病毒囊膜发生相互作用，从而抑制ASFV对宿主细胞的吸附以及后续在细胞中的复制(Garcia-Villalon和Gil-Fernandez，1991)。植物和海洋微藻中的水提取物也可以剂量依赖性地抑制ASFV的复制(Fabregas等，1999；Fasina等，2013)。而多酚植物抗毒素（例如白藜芦醇和氧化白藜芦醇）可以通过抑制ASFV的DNA复制、晚期病毒蛋白的合成及病毒工厂的形成显著抑制病毒复制(Galindo等，2011)。与此同时，笔者团队在研究中发现类黄酮化合物芹菜素对Vero细胞中ASFV的复制具有抑制作用(Hakobyan等，2016)，其主要在ASFV感染的早期发挥作用，可以使病毒产量降低99.99%。芹菜素持续处理条件下，感染细胞不出现明显的细胞病变，利用常规滴定法和ELISA法均检测不到病毒。而在笔者团队最近的一项研究中发现，另一种类黄酮化合物染料木素对Vero细胞和猪巨噬细胞中ASFV的感染具有抑制作用(Arabyan等，2018)，并且在病毒感染后8 h病毒DNA开始复制时用染料木素处理细胞抑制效果最为明显。染料木素处理后，在感染细胞内可以检测到病毒基因组片段的存在，说明染料木素可能作为ASFV拓扑异构酶的抑制剂发挥抑制作用。对染料木素与ASFV拓扑异构酶的作用方式进行分析，笔者团队发现染料木素可能与ASFV拓扑异构酶Ⅱ的4个ATP结合位点（Asn-144、Val-146、Gly-147和Leu-148）结合，并且亲和力高于ATP[4]。而ASFV拓扑异构酶Ⅱ在ASFV DNA复制过程中发挥着极其重要的作用，利用siRNA对ASFV的拓扑异构酶Ⅱ进行敲低可以明显抑制ASFV的复制(Freitas等，2016)，由此可见ASFV拓扑异构酶Ⅱ是抗病毒药物开发的良好靶标。

总之，ASFV是一个需要立即解决的重大猪福利问题。虽然目前开发ASFV疫苗的努力全部都宣告失败，但为阐明ASFV与宿主细胞的互作机制仍需要进行大量的科学研究，这将为疫苗的研制以及抗病毒药物的开发提供新的思路，以此为基础开发的安全有效的ASFV疫苗及有效的抗病毒治疗方法对防控以及净化非洲猪瘟具有重要意义。

参考文献

2 猪瘟病毒

Classical Swine Fever Virus

Sandra Blome[*]

翻译：陈鑫鑫　封文海；审校：刘平黄　张鹤晓

Friedrich-Loeffler-Institut, Institute of Diagnostic Virology, Greifswald-Insel Riems, Germany.

*Correspondence: sandra.blome@fli.de

https://doi.org/10.21775/9781910190913.02

2.1 摘要

猪瘟（classical swine fever，CSF）一直是世界养猪业盈利和可持续发展的最重要威胁之一。家猪和野猪发生猪瘟后要向世界动物卫生组织（WOAH）通报。猪瘟的病原体——猪瘟病毒（CSF virus，CSFV），是一种小的、有囊膜的 RNA 病毒，属于黄病毒科瘟病毒属。CSF 的临床表现差异较大，与病毒和宿主因素有关，从几乎无症状感染到高死亡率的出血热样病症。许多病变与细胞因子反应失调的免疫发病机制有关。

几个工业化养猪国家在实施严格的防制措施后成功消灭了 CSF，这些措施通常包括用经证实安全有效的弱毒活疫苗强制免疫。然而，在世界大多数国家，CSF 在家猪和野猪中至少存在散发，而在南美洲和中美洲的一些国家、东欧的部分国家及其邻国，以及亚洲包括印度等多半呈地方流行。本部分内容对 CSF 的病毒特性、致病机制、临床表现以及防控措施等进行了总结。

2.2 分类

猪瘟病毒（CSFV）属于黄病毒科瘟病毒属，是一组不断增多的、小的、有囊膜的 RNA 病毒。该属的成员主要感染偶蹄动物，如牛、山羊、绵羊、猪，有时也感染野生有蹄类动物。尽管一些报道表明 CSFV 也可感染牛类，但是在自然条件下，CSFV 感染只限于家猪和野猪。直到最近，只有 4 种瘟病毒（CSFV、牛病毒性腹泻病毒1型和2型、边界病病毒）被国际病毒分类委员会官方认可，但是所谓的非典型瘟病毒与几种描述为新的瘟病毒已经出现（Blome等，2017a），其中在猪群中发现的病毒有本戈瓦纳病毒（发现于澳大利亚，Kirkland等，2015）、猪非典型性瘟病毒（流行甚广，在美国、德国、荷兰、西班牙和中国等都能检测到，Hause等，2015；de Groof等，2016；Postel等，2016a；Beer等，2017；Munoz-González等，2017；Schwarz等，2017）和LINDA病毒(Austria；Lamp等，2017)。在挪威老鼠(Firth等，2014)和菊头蝠(Wu等，2012)中也发现了瘟病毒序列。

最近有人提出了一种新的瘟病毒分类方法(Smith等，2017)，原来的瘟病毒被重新命名为瘟病毒A（原来命名为牛病毒性腹泻病毒1）、瘟病毒B（牛病毒性腹泻病毒2）、瘟病毒C（猪瘟病毒）和瘟病毒D（边界病病毒）。新的种命名为瘟病毒E（叉角羚瘟病毒）、瘟病毒F（本戈瓦纳病毒）、瘟病毒G（长颈鹿瘟病毒）、瘟病毒H（霍比样瘟病毒）、瘟病毒I（艾登样瘟病毒）、瘟病毒J（鼠瘟病毒）和瘟病毒K（猪非典型性瘟病毒）。此外，本文对缺失全长编码序列的新种也进行了讨论。但是，为了便于本章的叙述，采用的命名还是猪瘟病毒（CSFV）。

2.3 形态和结构

具有囊膜的病毒粒子由4种结构蛋白组成，即核心蛋白和囊膜糖蛋白E1、E2、E^{rns}（比如由Rümenapf等，1991；Thiel等，1991；Blome等，2017c综述）。糖蛋白E2代表主要的免疫原，在病毒吸附方面起重要作用，几种诊断检测体系都能检测到E2抗体；E2以二聚体形式与E1形成复合物形式存在。糖蛋白E1形成功能性融合复合物，在病毒通过受体介导的细胞内吞中发挥关键作用(Ji等，2015)。猪调节蛋白CD46是CSFV感染细胞的一个受体(Dräger等，2015a)。最近有人推测BVDV进入细胞需要第二个受体，因为在CSFV进入细胞时CD46并不能内化(El Omari等，2013)。E^{rns}是第二种具有免疫原性的囊膜蛋白，能够诱导机体产生抗体，因此针对E^{rns}的反应可以用于标记（用于E2亚单位疫苗和嵌合活病毒疫苗）。糖蛋白E^{rns}具有核酸酶活性，通常以二硫键同聚体的形式存在(Schneider等，1993)。瘟病毒感染初期，在E2结合特异性细胞受体之前，E^{rns}通过其结合糖胺聚糖的能力，介导病毒与宿主细胞的初始接触。E^{rns}结构蛋白还与病毒对细胞的适应和定殖有关，与E2一样，决定病毒毒力(Hulst等，2000；Tews等，2009)。

核心包裹着一条约12.3 kb的单股正义链RNA基因组，可翻译一种多聚蛋白。病毒RNA具有传染性，因此可利用转染获得病毒RNA的传染性子代(Meyer等，2015)。开放阅读框的两侧由3′和5′非翻译区（NTR）组成，3′端不被多腺苷酸化，但带有短的多聚C区域。5′-NTR包含调节翻译起始的内部核糖体进入位点(IRES)。

病毒和细胞蛋白酶对前体蛋白的翻译加工和翻译后加工产生13种成熟蛋白质，如上述提到的结构蛋白和非结构蛋白N^{pro}、p7、NS2-3、NS2、NS3、NS4A、NS4B、NS5A和NS5B等(Moennig，1992)。非结构自体蛋白酶N^{pro}以及囊膜蛋白E^{rns}是瘟病毒特有的，在瘟病毒属所有成员都可找到。上述提到的非结构蛋白在病毒复制过程中作用不同，如NS5B是RNA依赖的RNA聚合酶，而NS3则具有蛋白酶、NTP酶和解旋酶等三种酶的功能。而有些非结构蛋白与宿主相互作用调节宿主免疫应答，特别是N^{pro}可以通过抑制宿主干扰素调节因子3（IRF-3）进而影响干扰素免疫应答。已有研究证明，黄病毒的NS4A和NS4B可以诱导产生自噬信号，估计瘟病毒的相关蛋白可能也具有类似的功能。

2.4 病毒复制

如上所述，病毒复制的早期是由E^{rns}和E2介导的吸附与受体结合，通过网格蛋白介导的胞吞作用进入细胞内。在细胞质内，病毒膜蛋白与宿主细胞内体膜融合，基因组释放到细胞质中。

在粗面内质网的核糖体上CSFV开始不依赖帽子的翻译，而5′NTR的内部核糖体进入位点（IRES）则介导起始翻译。在复制的过程中，双链RNA(dsRNA)基因组由单链RNA(ssRNA)合成。双链RNA的转录和复制产生了病毒mRNAs和具有正极性的新ssRNA基因组。病毒在内质网组装，病毒粒子在内质网出芽后转运到高尔基体，通过胞外分泌释放出新的病毒粒子(Moennig，2008；Ji等，2015)。

2.5 基因变异与分布

为了研究病毒特性和分子流行病学，对不同的基因组部分进行测序(Dreier等，2007)，发现基因型与毒力之间没有明显的关系，也没有真正的血清分型。

过去研究人员广泛应用5′NTR的150个核苷酸片段和E2编码区190系列片段进行分析研究，有时还用聚合酶基因NS5B的409个碱基作为补充(Paton等，2000c)。这些序列由汉诺威的欧盟和WOAH参考实验室收集和提供

(Greiser-Wilke等，2006；Dreier等，2007)。随着现代测序技术的发展和测序费用的降低，长片段甚至全基因测序已成为可能，给病毒基因研究提供了更广阔的前景和更深入的了解(Postel等，2012，2016b；Beer等，2015)。

系统发育分析表明，CSFV可分为3个基因型、3～4个基因亚型和几个群。一些基因型可归属于不同的地理区域，而相应的数据可用于分子流行病学研究和防制措施调整(Postel等，2012)。

截至2015年，过去20多年全球范围内最为流行的基因型毫无疑问是基因2型，特别是基因亚型2.1和2.3。在欧洲和亚洲的家猪和野猪群中重复发现这些病毒，特征常常是中等毒力(Beer等，2015)。

但是，目前为止，从南美洲和中美洲以及整个美洲大陆分离的毒株都被列为基因1型。尽管从阿根廷、巴西、哥伦比亚和墨西哥分离的毒株都集中于基因亚型1.1，然而从洪都拉斯和危地马拉分离的毒株分类为基因亚型1.3。古巴分离株历史上列为基因亚型1.2，但是最近认定为新的基因亚型1.4(Postel等，2013)。近来，厄瓜多尔和美国毒株通常被用于系统进化动力学研究(Garrido Haro等，2018)。唯一的基因1型例外是哥伦比亚毒株（2005和2006），属于基因亚型2.2。厄瓜多尔和秘鲁毒株同源性高，组成同一个群（参考资料中称为基因亚型1.6）。

就CSFV毒株特征而言，非洲大陆几乎就是一个黑匣子。除了2005年影响南非的CSFV基因亚型2.1外(Sandvik等，2005)，人们对非洲CSFV的总体现状，特别是分子流行病学缺乏了解。除以色列2009年报道暴发了由基因亚型2.1毒株引起的CSF外(David等，2011)，对中东的CSF情况也了解甚少。在亚洲大陆，中国的分离株多样性最多，几乎都属于基因亚型2.1和2.2，中国台湾省还发现了基因3型。

在印度，历史上是基因亚型1.1流行，现在还伴有基因亚型2.1和2.2。这些基因亚型与亚洲毒株特别中国毒株的同源性很高(reviewed by Beer等，2015)。

2.6 发病机制、免疫应答和临床表现

通过口鼻感染CSFV，最初的复制发生在扁桃体和其他网状内皮组织。随后，子代病毒通过淋巴管进入局部淋巴结并进入血液循环(Dunne，1973)，此后，病毒播散到脾脏、骨髓、内脏淋巴结、肠淋巴组织和其他实质器官。

病毒复制最初的靶细胞是单核细胞系细胞，如单核细胞、巨噬细胞，还有树突细胞。此外，内皮细胞和上皮细胞在早期阶段会被感染，而在感染后期，几乎所有类型的细胞均对CSFV易感(Lange等，2011)。病毒分布的范围

和持续时间取决于下面概述的临床过程和结果。

通常情况下，动物大约在1周（2～10d）的潜伏期后出现临床症状，但早在发病前就已经开始排毒。据观察，可通过所有的分泌物和排泄物排毒（唾液、尿、粪便、精液、鼻腔和眼部分泌物），持续排毒到产生能足够中和和清除病毒的抗体水平之时，或直到死亡之时(Moennig等，2003)。

CSFV感染的病程和后果取决于病毒和宿主方面的几个因素。CSFV分离株的毒力起主要作用，而病毒的剂量和感染途径作用相对较小。宿主方面，年龄和免疫状况被认为起关键作用。基因变异可导致不同品种或品系的先天抗病毒免疫应答有差异，这种变异会影响疾病的严重程度。然而，基因变异对猪是有利的还是有害的至今还没有清楚地界定，因此是一个值得科学研究和讨论的问题。

一般情况下，感染过程可分为急性和长期持续带毒两种形式。急性形式的后果要么是动物的康复，要么是动物的死亡（急性一过性或急性致死性），而所有形式的长期持续带毒似乎都会导致感染动物的衰竭，最终导致死亡。病毒持续复制的形式包括产后感染引起的慢性病、妊娠母猪在妊娠易感期感染中低毒力毒株导致免疫耐受引起的持续感染（带毒母猪综合征），以及产后早期攻毒导致的仔猪持续感染(Blome等，2017c)。所有这些持续感染过程都伴随着持续排毒和检测不到抗体（慢性形式早期可间歇性检出低滴度抗体）。慢性和产后持续感染的机制还不清楚，但是似乎遵循相似的原理。病毒量似乎对结局不起主要作用(Jenckel等，2017)。在所有的病程延长或持续病例，以无特征临床症状为主导，伴随消瘦，以及呼吸道和消化道的继发感染，而且经常报道有皮肤病变（图2.1）。

图2.1 产后持续感染仔猪的皮肤病变

一般来说，CSFV对免疫力强的年轻动物影响最严重，以急性-致死性病程为主，出现包括出血和神经紊乱等典型病变。小猪也可能出现特急性病程，或多或少会立即死亡。急性感染新近的毒株（特别是基因2型）的临床症状包括持续大约1周的高热，然后逐渐康复，但在不能很快康复的动物体内，病毒会持续存在。发病第1周，经常可见嗜睡、无食欲和扎堆（图2.2），有时伴随不同程度的结膜炎（从少量分泌物到严重化脓，图2.3）。急性-致死性病程的动物随后将出现不同程度的消化道和呼吸道症状以及消瘦，直至到后期的出血病变（图2.4）和神经紊乱（图2.5）（Blome等，2017c）。感染中等毒力的毒株通常会在感染后2～3周死亡。

图2.2 家猪和野猪感染强毒CSFV毒株（感染后7d）出现的非特征性临床症状，动物高热（＞40.5℃），扎堆，采食量下降

图2.3 CSFV（强毒秘鲁毒株，基因1型）感染后断奶仔猪的结膜炎和全身萎靡

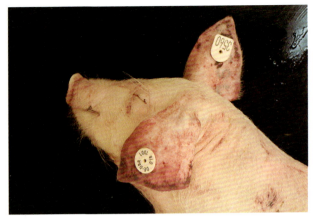

图2.4　耳朵和吻突发绀及出血病变，感染CSFV基因1型
　　　　强毒株后2周的症状

图2.5　感染CSFV强毒株（Koslov科斯洛夫）后奄奄一息
　　　　的动物。动物表现出神经功能障碍，包括步态蹒
　　　　跚、抽搐和轻瘫

　　大多数成年猪感染中等毒力毒株CSFV后，症状严重程度受继发感染影响
较大，但通常表现为轻微、一过性症状。因此，在野外条件下很难对这些病程
作出诊断。就上述提到的年龄依赖性来说，强毒株表现则不同。像"科斯洛
夫"（Koslov）和"石门"（Shimen）株这些强毒株，会导致所有年龄段的动物
出现严重的、通常是致死性的病程。正因为此，这些强毒株被用作疫苗试验，
作为最坏情况对照。在试验条件下，野猪感染后表现的症状与家猪十分相似。
在野外条件下，可发现野猪表现共济失调，对人和犬不再惧怕。当CSFV被引
入未感染的野猪群时，致死率通常很高，动物倒地死亡是疫病侵入的一个重要
指征。

　　如上所述，继发感染或并发感染是CSF的特性（Moennig等，2003）。

CSFV感染造成B淋巴细胞和T淋巴细胞耗竭，引起严重的免疫抑制，进而引起继发感染或并发感染。CSFV感染引起的免疫抑制与体液和细胞免疫反应产生相对较晚有关，这是CSF的典型表现。

具体地讲，在感染初期，白细胞短期升高，随后白细胞降低，特别是淋巴细胞的数量明显降低(Summerfield等，1998，2001；Sun等，2010)。感染后T细胞降低很快，B细胞在疾病后期逐渐耗竭。T细胞耗竭的速度取决于T细胞亚群和CSFV毒株的毒力。尽管αβ-T淋巴细胞的耗竭通常与毒力无关，但γδ-T淋巴细胞减少主要是由感染强毒株造成。然而，在感染晚期，不管毒力强弱都会导致严重的淋巴细胞耗竭，甚至在无严重临床症状时都会发生(Petrov等，2014)。

CSFV导致淋巴细胞耗竭背后的机制是细胞凋亡(Summerfield等，1998)。感染CSFV诱导促炎性细胞因子包括白介素（IL）1α、IL-1β、TNF-α、IL-6和干扰素（IFN）-α等产生，从而导致淋巴细胞或其他白细胞的凋亡。此外，由于局部炎性反应，外周血淋巴细胞进入淋巴组织，造成淋巴细胞的重新分布，也是外周淋巴细胞数量降低的原因。CSFV感染后，可以在一些巨噬细胞中观察到凋亡、吞噬激活以及活性分子分泌等(Goméz-Villamandos等，2003)。这些活化的巨噬细胞及其失调的细胞因子释放似乎在发病机制中起着关键作用。在CSFV感染过程中，几乎可以排除由病毒直接损害导致产生很多病变(Goméz-Villamandos等，2003)。病毒感染、炎症与凝血功能障碍包括血小板减少症之间存在密切相关性。在这方面，CSF的发病机制似乎与其他病毒性出血热类似。具体地讲，炎性细胞因子IL-1α、IL-6、IL-8，以及促凝血因子包括组织因子（TF）、血管内皮细胞生长因子（VEGF）、E-选择素及其他因子的过表达，能够通过激活血小板和内皮细胞而导致凝血功能障碍，提高血管通透性和血管舒张。此外，IL-10、IL-12和IFN-γ等细胞因子的失调也发挥着一定作用。IL-10和IFN-γ是通常的怀疑对象，因为二者在丝状病毒感染引起出血热时发挥作用(Lange等，2011)。

保护性免疫由体液免疫和细胞介导的免疫反应组成(Suradhat等，2007)，然而，在产生保护的早期，细胞水平更值得关注。细胞介导的免疫反应主要集中在疾病的早中期，反应包括T淋巴细胞[杀伤性T细胞（CTL，CD4⁻CD8⁺）、辅助性T细胞（CD4⁺CD8⁻）和成熟T细胞（CD3⁺）的数量]变化以及T细胞表达的细胞因子（IFN-γ、IL-2、IL-4）水平变化。至于T细胞反应的动力学，在感染后不久杀伤性T细胞（CD4⁻CD8⁺）和辅助性T细胞（CD4⁺CD8⁻）即被激活。随着疾病进一步发展，杀伤性T细胞应答成为主体。已有研究证实，即使在没有中和抗体的情况下，T细胞介导的免疫保护性反应也可以完全抵抗

CSFV的感染。在疾病过程中，观察到记忆T细胞（CD4$^+$CD8$^+$）被激活。

至于体液免疫反应，在CSFV感染后，B淋巴细胞和免疫球蛋白（IgM和IgG）数量及质量出现变化。在感染早期，可检测到B细胞包括浆细胞在淋巴器官中增多。具体地，CSFV感染后7d，外周血中IgM$^+$细胞数量增加，而IgG$^+$细胞自感染后11d到感染后10~21d病毒特异性中和抗体产生前升高。B细胞增多以及分化成产生免疫球蛋白的浆细胞需要IL-4、IFN-γ和IL-2等细胞因子介导的刺激信号，而这些细胞因子则由CSFV感染激活的单核/巨噬细胞和T细胞释放等分泌产生（见上述）。分化机制依赖于T细胞分泌的IL-4水平，即IL-4最终超过IL-2以及IFN-γ下降。中和抗体相对产生较晚，可能是由细胞介导的免疫应答到体液免疫应答转换较晚造成，这是CSFV感染的特点。与产生抗体较晚一致，IgG$^+$细胞在疾病的后期产生直至数量上超过最初为主的IgM$^+$细胞。中和抗体抵抗CSFV感染的保护性作用已在体内和体外得到证实。囊膜蛋白E2是瘟病毒的主要免疫原，该蛋白不仅大量诱导CSFV特异性抗体，而且也是杀伤性T细胞的靶抗原。正如前面提到的，膜蛋白E^{rns}是另一个抗体靶标，非结构蛋白NS2-3也一样。

2.7 病理

CSFV感染引起的病理变化主要取决于感染的病程。急性致死性病程通常伴有淋巴结肿大，许多器官如肾脏、膀胱、胃和胆囊的出血和瘀点，一些病例则出现坏死性扁桃体炎、白喉样坏死性小肠结肠炎（图2.6）、淋巴网状系统病变和非化脓性脑炎等(Goméz-Villamandos等，2006)。脾脏梗死（图2.7）被认为是CSF的病理特征(van Oirschot，1999a)。CSFV感染会引起严重的继发感染，有时会掩盖CSF相关病变（Depner等，1999)。慢性型病理变化包括胸腺萎缩，淋巴器官耗竭，小肠、结肠和回盲瓣的坏死和溃疡等(Blome等，2017c)。

图2.6　产后CSFV持续感染动物的白喉样坏死性小肠结肠炎

图2.7　脾脏梗死。这些病变是CSFV强毒感染的病理特征，但是感染最近分离的CSFV毒株则很少引起脾脏梗死

2.8　诊断方法

　　快速准确的诊断对于及时采取CSF防制措施至关重要。在国际上，实验室方法以及采样和运输指南均可在《OIE陆生动物诊断试验和疫苗手册》和《EU诊断手册》（*European Commission Decision* 2002/106/EC）中找到。

　　在日常情况下，可采用世界公认的、经过验证的实时逆转录酶链反应（RT-qPCR）体系诊断CSFV（McGoldrick等，1998；Paton等，2000a、b；Hoffmann等，2005，2009，2011；Le Potier等，2006；Belák，2007；Le Dimna等，2008；Leifer等，2011）。目前，部分RT-qPCR诊断体系已经商业化，即使非专业人员也可以操作进行诊断。目前，除现场可用的RT-PCRs外（Liu等，2016），一些替代方法已经被研制出来，如环介导等温扩增（LAMP）试验（Chen等，2009，2010；Yin等，2010；Zhang等，2010a，2011；Chowdry等，2014）、引物-探针能量转移RT-qPCR（Liu等，2009b；Zhang等，2010b），以及绝热等温RT-qPCR等（Lung等，2015）。

　　病毒分离鉴定仍然是标准的检测方法，因此为了进一步确定检测结果，可以应用不同的传代细胞系如猪肾细胞系PK15或SK6进行病毒分离，做病毒特性鉴定。为了剖检后快速确认，可用荧光抗体或免疫过氧化酶试验（Turner等，1968；de Smit等，2000b）对组织冰冻切片上的抗原进行检测。现有的抗原ELISA仅推荐用于群体检测。尽管基于E^{ms}的泛瘟病毒检测方法的敏感性至少与病毒分离方法相当，但大多数CSF的方法缺乏敏感性(Blome等，2006)。对家猪和野猪群的抗体筛查，可使用不同的商品化E2抗体酶联免疫吸附试验(ELISAs) 试剂盒。如需进一步确认或鉴别，可用中和试验。中和试验在某种程度上可区分不同瘟病毒抗体(Greiser-Wilke等，2007)。

应用标记疫苗时，需要可靠的DIVA（区分感染动物和免疫动物）方法。与E2亚单位疫苗和嵌合疫苗配套的检测糖蛋白E^{rns}抗体试剂盒已经上市(Floegel-Niesmann，2001，2003；Blome等，2006)。在这一领域，其他诊断方法最近已经被研发出来。

由于诊断方法敏感性的提高（特别是RT-qPCR），对疫苗毒株的检测在野猪口服疫苗免疫和家猪疫苗接种计划中是十分普遍的。鉴于此，能够区分疫苗株和野毒株的不同RT-PCR体系已被研发出来进行测试（基因DIVA）(Li等，2007；Zhao等，2008；Huang等，2009；Leifer等，2009a；Liu等，2009a；Widen等，2014)。

采样是猪瘟诊断的瓶颈，特别是对于野猪和偏远地区家猪的采样。正因为此，已经开始研究CSF替代的采样方案和样品保存基质（通常与非洲猪瘟采样结合），特别是针对野生动物样本，以及在乡村条件下的采样(Michaud等，2007；Prickett and Zimmerman，2010；Mouchantat等，2014；Dietze等，2017)。然而，大多数方法还没有日常应用，需要进一步验证(Blome等，2017c)。

2.9 流行病学

CSFV的易感宿主包括猪科的各种成员，尤其是家猪(*Sus scrofa domesticus*)和欧洲野猪(*Sus scrofa scrofa*)（Depner等，1995；Blacksell等，2006)。已被证实，普通疣猪(*Phacochoerus africanus*) 和丛林猪(*Potamochoerus larvatus*) 对CSFV也易感(Everett等，2011)。

猪瘟病毒可以水平传播和垂直传播。水平传播主要通过感染动物和易感动物直接或间接接触。主要的间接传播途径包括食用病毒污染的垃圾和机械传播，包括接触携带病毒的人或农业机械、兽医器具等(van Oirschot，1999a)。在野猪发生感染的地区，家猪暴发感染通常与感染野猪的直接或间接接触有关(Fritzemeier等，2000)。

一旦接触，感染通常是通过口鼻途径，少量感染则通过结膜、黏膜、皮肤擦伤和输精等途径(de Smit等，1999；Moennig and Greiser-Wilke，2008)。感染猪会出现高滴度病毒血症，从出现临床症状开始到死亡或产生特异性抗体

（见上述）期间感染猪会排毒。主要排毒途径是唾液、泪腺分泌物、尿、粪便和精液。慢性感染猪直至死亡都会持续或间歇排毒(van Oirschot，1999a)，通过妊娠母猪到胎儿的垂直传播在整个孕期都有可能发生，并生出持续感染的后代（见带毒母猪综合征）。

2.10 防控措施

大多数国家都有具有约束力的检测和防控法律框架。综合防控措施包括及时准确的诊断、扑杀感染猪群、建立管制区域、限制猪群流动及追踪可能的接触源，但是严厉禁止预防接种和其他治疗措施。然而在欧洲，普遍认为感染的野猪群是CSFV的重要储存库，也是传入家猪的传染源（Fritzemeier等，2000；Rossi等，2015），因此可实施野猪紧急免疫接种来控制该病(Kaden等，2002；von Rüden等，2008；Blome等，2011；Rossi等，2010)。紧急免疫接种也是对抗家猪CSF的措施。在地方流行的国家，接种疫苗常用来减轻CSF的负担，而且在这些国家，疫苗接种通常是强制性的。

高效安全的减毒活疫苗已经存在几十年(van Oirschot，2003b)。下面的疫苗毒株是通过动物（兔）或细胞的连续传代致弱，如CSFV C株、兔化的菲律宾科罗内尔株、Thiverval株及日本豚鼠兴奋阴性GPE株等。在世界几个地区强制控制CSF计划中，已通过接种这些疫苗和实施严格的卫生措施消灭了CSF(Greiser-Wilke and Moennig，2004)。目前，这些疫苗仍在几个亚洲国家包括中国(Luo等，2014)、南美洲和中美洲国家、跨高加索国家和东欧使用。疫苗由几家不同的质量管理和生产体系的制造商生产。

C-毒株也适用于以诱饵形式进行野猪口服免疫(Kaden等，2000，2002，2010)，以及用来庭院养殖的家猪免疫(Milicevic等，2012；Dietze等，2013；Monger等，2016)。这些疫苗通常在诱导免疫反应、免疫保护范围及持续时间等方面具有突出的优点(Terpstra等，1990；Ferrari，1992；Dahle and Liess，1995；Kaden and Riebe，2001；Graham等，2012)，但主要缺点是缺少血清学标记理念(van Oirschot，2003b)，不能够将感染的野毒株与免疫的疫苗株区分开来（DIVA理念）。在CSF流行的国家，预防接种主要用于降低疾病压力和保障产品安全，因此DIVA理念通常不那么重要。总的来说，没有法律规定使用某种类型的疫苗用于紧急接种，但是由于对常规减毒活疫苗免疫猪的贸易限制，因此用DIVA疫苗家猪是最好的选择(Blome等，2013)。直到最近，只有E2标记亚单位疫苗（DIVA）在市场上能够买到（目前，只有E2标记疫苗商品化，Porcilis® Pesti，MSD Animal Health，Unterschleißheim，Germany）。这些疫苗安全，被证明可以提供临床保护和限制CSF的传播(Bouma等，1999，2000；van Oirschot，1999b；Ahrens等，2000；Dewulf等，2000；Lipowski等，2000；Moormann等，2000；deSmit等，2000a，2001；Klinkenberg等，2002；van Aarle，2003)。但是他们也有缺点，尤其是在早期保护(van Oirschot，2003a、b) 和保护跨胎盘传播方面(Depner等，2001)，效果达不到预期。由此，紧急疫苗接种很难在家猪中实施（有一例外是罗马尼亚）。目前，几个研究小组致力于研发二代标记候选疫苗，期望能够满足安全、有效、DIVA潜能、适销性等要求(Beer等，2007)。围绕这一理念，开始研发基于痘苗病毒、伪狂犬病病毒、腺病毒等不同病毒载体的疫苗。其他疫苗设计包括具有嵌合构建体的重组减毒疫苗、基于不同表达系统的亚单位疫苗和RNA/DNA疫苗（最近由Blome等综述，2017b)。2014年，欧洲药品管理局（EMA）在EU-资助的研究项目框架内经过大量试验，批准注册了一种嵌合标记候选疫苗"CP7_E2alf" (Reimann等，2004；König等，2007a、b，2011；Leifer等，2009b；Blome等，2012，2014；Gabriel等，2012；Rangelova等，2012；Eblé等，2013；Renson等，2013，2014；Eblé等，2014；Feliziani等，2014；Goller等，2015；Levai等，2015；Dräger等，2015b，2016；Farsang等，2017)。目前，虽然仍在对这种标记疫苗效果进行研究评估，但该疫苗有可能成为家猪和野猪紧急免疫接种的有力工具。

已证实用诱饵对野猪紧急口服接种是控制野生动物发病和保全家猪的潜在方法(Rossi等，2015)。为了这一目的，上述C株疫苗已被几个欧洲国家包括德国和法国应用。为进一步优化防控策略，可用DIVA疫苗，如'CP7_E2alf'。DIVA疫苗已在实验室和野外条件下试用于野猪免疫，可能作为一种中期的选择(König等，2007b；Blome等，2014；Feliziani等，2014)。

除了疫苗之外，抗病毒药物已被讨论作为干预策略，优点是可以马上应用，缺点是经济考量和消费者的担忧，而且，病毒突变/病毒进化可能导致抗病毒药物失去作用。对于CSF，已经获得了一类化学分子的试验验证数据(Vrancken等，2008，2009a、b)，但是还未进入实际应用。

参考文献

3 口蹄疫病毒

Foot-and-Mouth Disease Virus

Francisco Sobrino*, Flavia Caridi, Rodrigo Cañas-Arranz, Miguel Rodríguez-Pulido

翻译：陈鑫鑫　封文海；审校：刘平黄　张鹤晓

Centro de Biología Molecular 'Severo Ochoa' (CSIC-UAM), Madrid, Spain.

*Correspondence: fsobrino@cbm.csic.es

https://doi.org/10.21775/9781910190913.03

3.1 摘要

口蹄疫病毒（FMDV）是小核糖核酸病毒科口蹄疫病毒属的一个典型成员，能够引起一种急性系统性水疱病——口蹄疫（FMD）。口蹄疫病毒具有高度变异、传播速度快等特征。口蹄疫对世界畜牧业影响巨大，是最可怕的动物疫病之一。在本部分内容中，我们讨论口蹄疫病毒生物学特性，包括病毒基因组特征、基因表达调控、编码的蛋白质及其功能，以及它们在细胞进入、病毒复制和致病机制中的作用等，这些内容有助于我们对病毒复制同期的理解。本部分内容还讨论了病毒粒子的特性，病毒诱导的先天性和适应性反应，以及当前通过疫苗接种或其他抗病毒方法控制口蹄疫的新策略。本部分内容还包括口蹄疫产生的病变和临床症状，病毒诊断和分类的方法，以及口蹄疫病毒防控和流行病学的概述。

3.2 FMDV分子生物学

口蹄疫（foot-and-mouth disease，FMD）是由口蹄疫病毒（FMD virus，FMDV）引起的主要感染偶蹄类动物的急性、高度接触性病毒传染病。FMDV是一种单股正义链RNA病毒，属于小核糖核酸病毒科口蹄疫病毒属（参考综述：Bergmann等，2000；Sobrino等，2001；Mason等，2003；Grubman和Baxt，2004；Sobrino和Domingo，2017）。

口蹄疫病毒（FMDV）粒子沉降系数为140S，其遗传物质为单股正义链

RNA分子，长度约为8 500 nt，被衣壳蛋白对称地包裹。基因组RNA只含有一个开放阅读框（open reading frame，ORF），两端分别含有两个高度结构化的非翻译区域（UTRs；图3.1和3.2节），这些区域包含与病毒复制和基因表达有关的重要结构元件（Sáiz等，2001；Belsham，2005）。

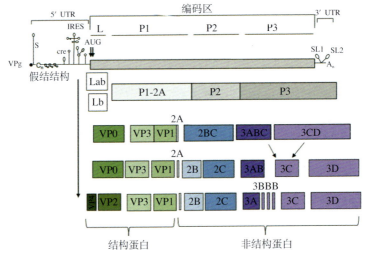

图3.1　FMDV基因组结构模式

　　FMDV RNA的复制和翻译发生在感染细胞的细胞质以及细胞膜（Bienz等，1990）。口蹄疫病毒RNA转染易感细胞后，自身具有感染性。这一特性使得研究者能够构建编码全长基因组序列的质粒（感染性cDNA克隆），这是研究不同基因和RNA结构基序功能的有力工具（Zibert等，1990）。

　　由于病毒编码的RNA聚合酶缺乏校对机制，FMDV RNA具有很高的突变率（Domingo and Holland，1997）。口蹄疫病毒的高突变率，加上其快速增长和广泛的种群规模，导致了该病毒的快速进化，因此，目前FMDV存在7种血清型[A、O、C、Asia1，以及来自南非的South African Territories（SAT）1、SAT2和SAT3]。此外，每种血清型进一步进化出许多变异体和亚型（Domingo，1990）。

3.2.1 基因组结构

　　与大多数细胞mRNA相比，FMDV RNA的5′端不存在cap结构，5′UTR含有内部核糖体进入位点（IRES）元件，其存在可以使基因组翻译起始不依赖于帽子结构。病毒多聚蛋白的翻译可以起始于两个相隔84个核苷酸的AUG密码子，第二个密码子是最常用密码子（Belsham，1992，2005；López de

Quinto 和 Martínez Salas，1998；Andreev 等，2007）。一个非常小的病毒编码蛋白3B，也被称为VPg，与基因组RNA 5′端共价连接（图3.1）。FMDV RNA的3′端被聚腺苷酸化。病毒ORF被翻译为一个约250 kDa的多聚蛋白，随后被两种病毒编码的蛋白酶Leader（L^pro）和3C^pro切割产生结构蛋白和非结构蛋白（Non-structural proteins，NSPs）。基于最初剪切位点和所编码成熟多肽的功能，可将其ORF划分为4个功能区（Grubman 和 Baxt，1982）（图3.1）。L区位于衣壳组分的5′端，编码两种不同形式的L^pro，称为Lab和Lb。P1区编码衣壳多肽的前体，可产生4种成熟的衣壳蛋白：1A、AB、AC和1D，也被称为VP4、VP2、VP3和VP1。P2区位于基因组中间区域，编码3种病毒蛋白（2A、2B和2C）。P3区编码3A、3B、3C^pro和3D^pol 4种病毒蛋白，其中3C为病毒蛋白酶，3D为RNA依赖的RNA聚合酶。

3.2.2 非编码RNA元件：5′和3′ UTRs

越来越多的证据表明，病毒RNA的5′端和3′端的结构是指导RNA依赖的RNA聚合酶3D^pol识别小核糖核酸病毒科基因组所必需的。

FMDV 5′ UTR长约1 300 nt，包括起始病毒复制和翻译所需序列。从RNA的5′端起分别存在以下结构。

（1）S片段：长度约360 nt，研究预测S片段能够折叠形成一个大的茎环结构（图3.1），与病毒3′端建立RNA/RNA相互作用（Serrano 等，2006），并结合细胞蛋白，比如poly(rC)结合蛋白[poly(rC) binding protein，PCBP]和poly(A)结合蛋白[Poly(A) binding protein，PABP]。有学者提出，这些互作从病毒翻译到复制的转变以及通过5′-和3′-端之间的蛋白质桥对病毒 RNA 的某些环化起重要作用（Gamarnik 和 Andino，1998）。

（2）poly（C）序列：一种几乎同聚的序列，其存在是小核糖核酸病毒科中FMDV及多数心病毒属病毒的共同特征。poly（C）的长度从80～400 nt不等（Harris 和 Brown，1977），但其长度对感染性的作用尚不清楚。

（3）假结区域：长度大约250 nt，研究预测，不同分离株可能含有2～4个高度结构化的序列基序（Clarke 等，1987；Escarmís 等，1995），伪结序列在不同的病毒中被精确地删除/插入，表明其具有功能性的作用，但这一点尚未证实。

（4）包含保守基序AAACA的"顺式作用复制元件"（cis-acting replication element，cre）：cre位于稳定茎结构末端的颈环内（Mason 等，2002）（图3.1）。cre是病毒复制所必需的，同时也是FMDV 3B蛋白体外尿酰化产生病毒RNA合成引物VPgpU和/或VPgpUpU所必需的（Nayak 等，2005）。在其他小核糖核酸病毒中，cre存在于RNA编码区，这表明该科病毒家族成员之间的复制策略存在差异。

（5）内部核糖体进入位点（internal ribosome entry site，IRES）：IRES是位于cre下游并与其部分重叠的复杂的高度结构化元件，长度约450 nt。IRES存在于所有小核糖核酸病毒中，可以使病毒RNA以非帽子依赖的方式启动翻译。FMDV IRES含有高度化的二级和三级结构（Belsham和Brangwyn，1990；Kühn等，1990），其结构经建模分析，含有5个结构域（Pilipenko等，1989）。FMDV IRES与大量的细胞蛋白相互作用，包括对正常细胞mRNA翻译非常重要的翻译起始因子。研究表明，宿主因子多聚嘧啶序列结合蛋白（polypyrimidine tract binding protein，PTBP）与IRES至少在两个区域存在相互作用（Luz和Beck，1990；Pilipenko等，2000），缺失这两个位点抑制了蛋白结合和体外翻译（Luz和Beck，1991）。PTBP和另一种细胞蛋白IRES特异性反式作用因子（IRES-specific trans-acting factor，ITAF45）是形成48S翻译起始复合物所必需的（Pilipenko等，2000；Martínez-Salas等，2001）。另一种细胞蛋白Sam68也被发现偏好与IRES第四结构域内的UAAA基序相互作用（Lawrence等，2012；Rai等，2015）。此外，Gem相关蛋白5（Gem-associated protein 5，Gemin5）与FMDV的IRES相互作用，抑制病毒翻译（Piñeiro等，2013）。这些RNA/宿主蛋白相互作用，可能是调节FMDV IRES功能的关键因素，与其他小核糖核酸病毒一样（Evans等，1985；Skinner等，1989），影响FMDV的致病性和毒力（Martínez-Salas等，1993）。

（6）一个约90 nt长的高度结构化区域位于遗传编码的poly(A)序列之前，预测也存于口蹄疫基因组的3′ UTR区。在该区域存在两个保守的茎/环，它们与细胞蛋白PCBP和3′端poly（A）相互作用（Rodríguez Pulido等，2007）。3′ UTR对于病毒复制是必不可少的（Sáiz等，2001），可以介导与IRES元件以及5′端S发夹的远程相互作用（Serrano等，2006），这对于小核糖核酸病毒RNA的不依赖于帽子结构的翻译是必不可少的。

3.2.3 病毒编码蛋白

由IRES驱动的FMDV RNA翻译在核糖体识别上游IRES后，起始于两个AUG密码子（Forss等，1984）。产生的单个多聚蛋白，经过有序地加工处理，产生不同的前体，最后得到成熟的蛋白质。首先通过蛋白水解过程产生L^{pro}、P1-2A、2BC和P3。如图3.1所示，前体P1-2A、2BC和P3被3C^{pro}进一步加工成成熟的病毒蛋白和一些相对稳定的切割中间产物，如VP0、3AB和3CD。VP0的加工是自催化和RNA依赖性的，产生成熟的蛋白质VP2和VP4，这发生在衣壳组装之后，是病毒粒子完全成熟的必要条件（Arnold等，1987；Grubman 和Baxt，2004）。与其他小核糖核酸病毒类似，不仅每个蛋白具有自己的功能，而且其蛋白质前体也可能发挥重要功能（Gao等，2016）。FMDV结构和非结构蛋白的主要特征以及它们在病毒生活周期中的作用如下所述。

3.2.4 前导蛋白（L^pro）

L^pro是一种木瓜蛋白酶样半胱氨酸蛋白酶（Strebel和Beck，1986），其3D结构已被确定（Guarné等，1998）。FMDV RNA上存在两个可选起始密码子，导致感染细胞中可以合成两种不同形式的L^pro（La和Lab）（Clarke等，1985），已证明L^pro切割了多聚蛋白内L/P1连接（图3.1）（Medina等，1993）。此外，La和Lab蛋白酶诱导翻译起始因子eIF4G（cap结合复合物eIF4F的一个组分，连接5′端mRNA和40S核糖体亚基）的剪切，从而抑制cap依赖的翻译起始，导致几乎所有宿主细胞蛋白的合成关闭（Devaney等，1988）。这种剪切是直接作用还是通过细胞蛋白酶介导的尚不清楚。相反，启动FMDV RNA翻译不需要完整的L^pro蛋白，只需要其生成的C末端eIF4G剪切产物，该产物与FMDV IRES结合并与40S核糖体亚基相互作用（López de Quinto 和Martínez Salas，2000；Saleh等，2001）。

L^pro的完整性对病毒存活不是必需的，因为完整的Lb编码序列可以被删除（Piccone等，1995）。在任何情况下，L^pro都被认为是一种毒力决定因子，这可能是由于它有助于阻止细胞蛋白质合成。虽然缺失L^pro病毒在培养细胞中的复制率仅略低于野生型病毒（Piccone等，1995），但当注射到牛和猪体内时复制却明显减弱（Mason等，1997；Chinsangaram等，1998）。如以下章节所述，L^pro对宿主细胞蛋白质合成的抑制有助于消除细胞产生抗病毒反应的能力，主要是通过阻断干扰素（Interferon，IFN）-α/β合成的关键步骤来实现，而IFN-α/β是影响FMDV感染进程的关键因素。L^pro还可以诱导细胞蛋白Gemin5的剪切（Piñeiro等，2012），其直接结合到FMDV IRES 3′-端区域，抑制其活性（Pacheco等，2009）；这种剪切被认为是增强了IRES功能（Fernandez Chamorro等，2014）。

3.2.5 衣壳蛋白（衣壳前体P1-2A）

在多聚蛋白加工过程中，从2B中切除2A以产生P1-2A前体是由2A介导的，已有研究表明，2A通过阻止2A/2B连接处肽键的形成发挥作用，而不是在肽键形成后再作为肽酶切割肽键（Tulloch等，2017）。有趣的是，L切除后产生P1-2A衣壳前体的N-末端（图3.1）含有允许通过细胞肉豆蔻酰化机制进行蛋白质识别的基序（GXXXS/T）。VP4N-末端的这种修饰对于FMDV和假病毒（Pseudotyped virus，PV）衣壳的组装和/或稳定性非常重要（Chow等，1987；Abrams等，1995）。FMDV P1-2A前体由3C^pro加工成1AB（VP0）、1C（VP3）和1D（VP1）（见下文3C蛋白酶部分），这些产物可以自组装成空的衣壳颗粒（Sáiz等，1994；Porta等，2013a）。VP0切割为VP2和VP4（译者改）通常与RNA衣壳化相关，但尚不清楚其作用方式。一些证据表明，VP0切割可能发生在组装的空衣壳颗粒内（Curry等，1995）。衣壳前体加工的最后一步是3C^pro对1D/2A连接的切割（Ryan等，1989）。研究表明，这一步对于衣壳组装或病毒感染性不是必需的（Gullberg等，2013b）。

FMDV衣壳的结构和性质，包括其与细胞受体特异性相互作用的能力，将在以下部分中讨论。

3.2.6 P2区编码蛋白

FMDV 2BC前体通过3C^pro加工成2B和2C（图3.1）。这些蛋白质含有疏水跨膜结构域，可能与细胞膜存在相互作用，目前尚不清楚。实际上，在PV侵染的细胞中，在膜相关的病毒复制复合物中发现2B和2C（Bienz等，1990）。有趣的是，与其他小核糖核酸病毒3A蛋白一样（Doedens和Kirkegaard，1995），FMDV 2BC前体能够抑制蛋白质向细胞表面的运输（Moffat等，2005）。在FMDV中，单独表达的3A、3B或3C均未显示该活性（Moffat等，2007），该特性能很好地解释在FMDV感染的细胞中观察到的MHC I类表面表达减少的现象（Sanz-Parra等，1998）。

尽管2C在RNA复制中的确切作用尚未确定，但2C蛋白内的单个氨基酸取代可赋予其对盐酸胍的抗性（Pariente等，2003），盐酸胍是病毒RNA复制的抑制剂（Saunders和King，1982）。最近报道表明，人EV71病毒的2C蛋白具有RNA解旋酶和RNA伴侣活性（Xia等，2015）。因此，当在大肠杆菌中表达FMDV 2C蛋白时，2C可以在ATP和RNA存在下体外形成六聚体结构（Sweeney等，2010），这些特性是具有解旋酶活性的AAA+ATP酶的特征。

3.2.7 P3区编码蛋白

3.2.7.1 3A蛋白

3A蛋白通过切割3ABC前体产生，是FMDV最可变的蛋白之一，其C-端氨基酸变化最大（Carrillo等，2005）。预测在其中间区域有一段18个氨基酸长的疏水区（HR）（Moffat等，2005；González-Magaldi等，2012）。研究表明，在其他小核糖核酸病毒中，该疏水结构域具有将3A靶向细胞内膜的功能

(Choe 和 Kirkegaard，2004；Liu 等，2004），并可能有助于在膜环境中定位病毒复制复合物（Datta 和 Dasgupta，1994；Fujita 等，2007）。事实上，FMDV 3A 通过其中央 HR 与膜相互作用，将其 N- 和 C- 末端暴露于细胞质，而病毒复制所必需的病毒蛋白与宿主蛋白的相互作用在这里进行（González-Magaldi 等，2014）。3A 蛋白作为 3AB 前体的一部分，可以将 3B（VPgs）递送至 RNA 复制复合物。

FMDV 3A 蛋白显示能够与 ER 和高尔基体标志物部分共定位（O'Donnell 等，2001；García-Briones 等，2006），最近的证据指向病毒复制和 ER 出口位点有关，表明 ER 参与病毒复制（Midgley 等，2013）。3A 蛋白和 FMDV 宿主嗜性有关，因为该蛋白中的单个氨基酸置换（Q44R）能够赋予 FMDV 在豚鼠中引起水疱病变的能力（Núñez 等，2001）。此外，C- 末端区域的缺失和突变与牛体内的病毒致弱（Beard 和 Mason，2000）以及牛上皮细胞中病毒复制率的降低有关（Pacheco 等，2003）。这些突变体在猪中仍然是致病的，这表明 3A 与两个物种之间的细胞蛋白相互作用存在差异。

布雷菲尔德菌素 A（Brefeldin A）是通过抑制 ADP- 核糖基化因子（ADP ribosylation factor，Arf1）的活化而诱导高尔基复合体片段化的药物。虽然 PV 和其他破坏高尔基体功能的小核糖核酸病毒对布雷菲尔德菌素 A 的作用极为敏感（Maynell 等，1992），但 FMDV 和心病毒对该化合物相当不敏感（O'Donnell 等，2001），这表明小核糖核酸病毒募集细胞膜形成其复制复合物需要多种因素（Martín-Acebes 等，2008）。

研究表明，与柯萨奇 B 病毒（coxsackie B virus，CVB）和 PV（Strauss 等，2003；Wessels 等，2006）一样，FMDV 3A 的同源二聚化是由其 N- 末端 α- 螺旋上的两个极性残基介导的。这种相互作用是病毒高效复制所必需的（González-Magaldi 等，2012，2014）。

3.2.7.2 3B（VPg）蛋白

FMDV 3ABC 在小核糖核酸病毒中显示出独特的特征，例如编码 3 种相似、不同拷贝的病毒基因组结合的 3B 蛋白（Forss 和 Schaller，1982；Forss 等，1984）可作为 RNA 复制的引物（Wimmer，1982）。3B 的 3 个拷贝对于细胞培养中的最佳复制（Falk 等，1992）和在天然宿主中的病毒毒力（Pacheco 等，2010）都是必需的。此外，FMDV 3A 的 C- 末端区域（直至 HR）比其他小核糖核酸病毒的 C- 末端区域长很多。

FMDV 3B 蛋白较小（约 11 kDa），$3B_1$、$3B_2$ 和 $3B_3$ 编码序列在基因组中串联排列（参见图 3.1）。尿苷酰化的 3B 分子是引发 RNA 合成所必需的，连接 FMDV 正义链和负义链 RNA 的 5′ 末端。3B 的尿苷酰化需要 5′ UTR 处的 cre 作为模板（Mason等，2002；Nayak等，2005）。已经发现每个3B都附着于基因组RNA（King等，1980），并显示体外尿苷酰化（Pacheco等，2003）。缺失一种或多种FMDV 3B蛋白会使得病毒的复制效率低于野生型病毒，并且$3B_3$的缺失将使病毒失活。$3B_3$缺失导致病毒失活不是因为病毒RAN复制出现了问题，而极有可能是因为多聚蛋白剪切缺陷造成的（Falk等，1992）。

3.2.7.3 3C蛋白酶

FMDV 3C蛋白酶（$3C^{pro}$）负责多聚蛋白编码序列内的大多数剪切。与PV $3C^{pro}$（Ypma Wong等，1988）相反，它的剪切活性不需要3D序列。FMDV $3C^{pro}$是丝氨酸蛋白酶的胰凝乳蛋白酶样家族的成员，其催化残基（Grubman等，1995）和3D结构已被解析（Birtley等，2005）。FMDV 3C还修饰不同的细胞蛋白，作为病毒感染期间造成细胞损伤机制的一部分（参见下一节）。

除了其蛋白水解活性外，FMDV 3C还具有RNA结合活性，这可能解释了体外尿苷酰化需要3CD（或3C本身）（Nayak等，2006）。

3.2.7.4 3D RNA依赖性RNA聚合酶，3Dpol

$3D^{pol}$是一种多功能酶：①聚集核苷酸以合成病毒RNA正义链和负义链；②完成3B的尿苷酰化，该过程在体外需要cre基序和3CD（Nayak等，2005）。FMDV RNA聚合酶与其他RNA聚合酶一样（Ferrer-Orta等，2004；Ferrer-Orta等，2006），显示出闭合的"右手"3D构象，手指、手掌和拇指结构域围绕不同的序列和结构基序发挥不同的作用，Ferrer-Orta和Verdaguer（2017）对此进行了综述。

和其他核糖核酸病毒相似（Aminev等，2003），已在3D蛋白的N-末端鉴定出核定位信号（Nuclear localization signal，NLS），介导$3D^{pol}$及其前体3CD在感染细胞中的核移位（Sanchez-Aparicio等，2013）。这将允许$3C^{pro}$促成小核糖核酸病毒感染后发生的核重编程相关的改变（Weidman等，2003）。

低复制保真度和$3D^{pol}$缺乏校对及删除能力导致病毒高突变频率，使得准种群体中的许多基因组经历连续的突变、竞争和选择发生（Domingo等，1985；Domingo和Schuster，2016）。这种准种特性赋予FMDV和其他RNA病毒快速适应不断变化的环境，以及突破抗病毒限制的能力。Domingo等（2017）对此进行了综述。

3.3 衣壳形态和抗原结构

FMDV颗粒的晶体结构是20世纪80年代首先解析的动物病毒结构之一（Acharya等，1989；Lea等，1994）。虽然与小核糖核酸病毒科其他成员的结构具有广泛的相似性，但FMDV颗粒表现出结构差异，在一些情况下，已经对这些差异与FMDV生物学特性的关联性进行了研究。FMDV粒子为大致的球形结构，直径较小（30nm），由具有光滑表面的无囊膜衣壳蛋白形成二十面体。成熟的FMDV衣壳由暴露于颗粒表面的三种主要结构蛋白VP1、VP2、VP3和内部较小的蛋白VP4各60拷贝组成（图3.1和图3.2；最近的综述见Mateu，2017）。VP4在其N-末端是豆蔻酰化的，并且被认为是VP2的长N-末端延伸。如上所述，其在病毒体成熟期间通过蛋白水解剪切释放（Chow等，1987）。VP1、VP2和VP3的长度都为210～220个氨基酸，在结构上相似，其核心显示了一个八链的β-barrel折叠方式（Acharya等，1989）。八个β链（按氨基酸序列中出现的字母顺序命名）形成两个四链的β-片层（分别包括链C、H、E、F和B、I、D、G），并通过不同长度的环连接，每个环根据它们连接的两条链命名。这些表面暴露的环跟病毒粒子的抗原特性（Parry等，1990；Lea等，1994；Curry等，1995；Mateu，2004）及与细胞受体的结合（Fox等，1989）有关。

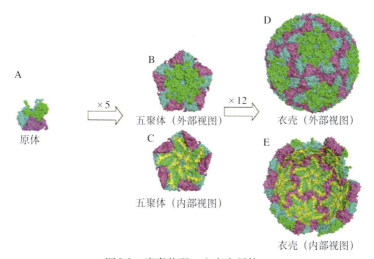

图3.2 病毒装配：衣壳中间体

　　每种衣壳蛋白的一个拷贝通过非共价相互作用结合成60个等价的、大致梯形的亚结构。这种生物学上被称为原体（protomer）的亚结构构成了衣壳组装的基本构件。五个原体围绕每个衣壳五倍轴形成更高度秩序化的五边形衣壳亚结构，称为五聚体（pentamer）（图3.2 B和C）。每个五聚体中的原体通过多个非共价相互作用保持在一起，该非共价相互作用比原体内部非共价相互作用弱。围绕每个五倍轴的VP4和VP3 N-末端之间的联系促进五聚体中原体的连结。五聚体是衣壳组装和拆卸的中间体，12个五聚体组成衣壳（图3.2D和E）。

相邻五聚体之间的结合主要通过不同五聚体上VP2-VP3和VP2-VP2之间的相互作用来稳定（图3.3），通过静电相互作用、氢键和较弱的疏水相互作用结合在一起（Acharya等，1989；Lea等，1994；Mateo等，2003）。与其他小核糖核酸病毒不同，FMDV衣壳在pH低于6.5时解离成12S五聚体亚基（Brown和Cartwright，1961）。研究表明，这种较高的酸性敏感性是由于存在于五聚体界面处的His残基簇在低pH下质子化，通过静电排斥削弱了衣壳稳定性（Curry等，1995）。

3.3.1 抗原结构

B淋巴细胞识别的口蹄疫病毒抗原位点（见适应性免疫部分内容）由暴露在衣壳表面的氨基酸残基组成（Acharya等，1989）。对于血清型A、O、C、Asia 1和SAT2A，B淋巴细胞识别的主要线性抗原位点（位点A）位于表面的G-H环，连接了衣壳蛋白VP1的βG和βH片层（Pfaff等，198；Strohmaier等，1982；Bittle等，1982；Opperman等，2012；Grazioli等，2013）（图3.4）。事实上，使用针对全部亚型口蹄疫病毒颗粒的单克隆抗体（Monoclonal antibody，MAb）获得的抗Mab抗性（Mab resistant，MAR）突变体中，有很大一部分在该位点内表现出氨基酸替换（Mateu，1995）。对于血清型C，G-H环的抗原结构很复杂，因为在其上鉴定出不同的重叠表位（由它们与单个MAb反应的不同能力定义）（Mateu等，1990）。另外，在VP1的C-末端发现了一个额外的中和位点（位点C），该位点显然是连续的并且独立于血清型A和C的G-H环（Lea等，1994）。在O型中，位点C在衣壳结构中G-H环的附近，并且与中和性MAb的竞争性试验研究表明，位点A和C符合由不连续表位组成的单一抗原位点（Barnett等，1989）。

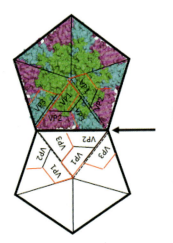

图3.3　FMDV衣壳二倍轴上两个相对五聚体的示意图。红线描绘了组成五聚体的五个原体中的两个。相邻原体的VP2和VP3蛋白相反五聚体的等效蛋白接触形成一个五聚体接口（用箭头表示）。VP1：绿色；VP2：洋红色；VP3：青色；VP4：黄色

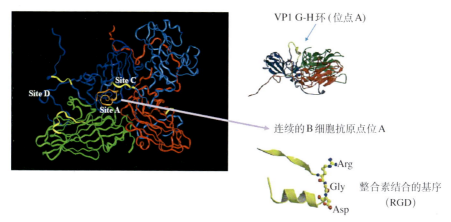

图3.4 FMDV衣壳原体中B细胞抗原表位的位置

使用MAR突变体的交叉中和分析能够鉴定不连续的抗原位点，这些位点由血清型A、O及Asia 1中不同衣壳蛋白的残基组成，线性肽无法模拟（Pfaff等，1988；Baxt等，1989；Kitson等，1990；Grazioli等，2013）。这些抗原位点位于彼此相邻的暴露区域，邻近衣壳的三倍对称轴。在血清型C中，不连续位点D的组成涉及VP1的C末端、VP3 B-B结和VP2 B-C环的残基（Lea等，1994）。

3.4 先天性和适应性免疫反应

FMDV感染引起快速和广谱的免疫反应，包括先天免疫反应及体液免疫和细胞免疫（图3.5）。这些免疫反应确保了针对同源和抗原性相关病毒感染的有效保护，McCullough等（2017）对此进行了综述。

3.4.1 先天性免疫反应

先天免疫系统是宿主细胞抵抗病原体感染的第一道防线，并且在诱导抗病毒反应以抑制病毒复制，以及促进特异性免疫应答的发展中起关键作用（Kawai和Akira，2006；Golde等，2008；Summerfield等，2009）。先天性免疫是通过宿主细胞中的模式识别受体（pattern recognition receptors，PRRs）对病原体相关分子模式（pathogen-associated molecular patterns，PAMPs）的识别而激活的。这种识别激活下游信号级联通路，最终表达I型干扰素（IFN）和促炎细胞因子（Huber和Farrar，2011；Tough，2012），发挥抗病毒、抗增殖和免疫调节作用。参与识别FMDV PAMPs的PRRs有Toll样受体（toll-like

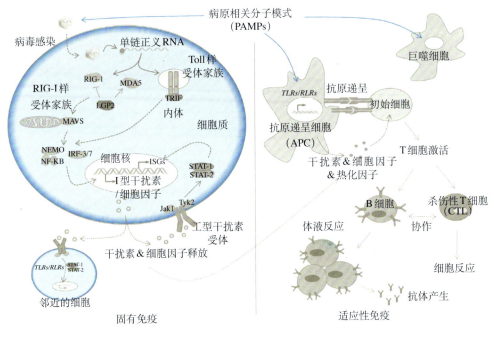

图3.5　抗病毒免疫反应示意图

receptors，TLR)，它们在某些细胞类型的内体和溶酶体膜表面表达，包括T淋巴细胞和抗原递呈细胞。其他主要的PRRs是视黄酸诱导基因I (Retinoic acid-inducible gene I，RIG-I) 样受体 (RIG-I-like receptors，RLR) (Gay等，2014；Lester和Li，2014)，包括RIG-I和黑素瘤分化相关基因5 (MDA5)。这些分子是IFN诱导的RNA解旋酶，在识别病毒RNA以触发先天免疫应答中起重要作用 (Bruns和Horvath，2014；Kato等，2011)。尽管RIG-I和MDA5具有相似的识别功能，但已有报道指出二者有不同作用 (Kato等，2006)。研究表明，MDA5对小核糖核酸病毒 (包括FMDV) 的识别在先天免疫中起关键作用 (Feng等，2012)。

　　如图3.5，病毒RNA结合没有活性的RIG-I或MDA5后，RIG-I或MDA5通过和线粒体抗病毒信号蛋白 (mitochondrial antiviral signaling protein，MAVS) 相互作用而激活MAVS，从而启动先天免疫反应。这种相互作用是通过MAVS的半胱天冬酶活化和募集结构域 (caspase activation and recruitment domains，CARD) 结合RLR相应的CARD信号传导结构域发生的，进而激活下游信号级联反应，分别导致核转录因子κB (nuclear transcription factor kappa B，NF-κB) 及IFN调节因子3和7 (IFN-regulatory factor 3 and 7，IRF-3/7) 的激活。最终NF-κB和IRF3/7发生核移位刺激I型IFN和促炎因子的产生。分泌的

I型IFN可通过与细胞表面上的IFN受体（IFNAR）结合作用于周围宿主细胞，进而通过宿主细胞内的酪氨酸激酶——Janus激酶（Janus kinase，JAKs）的磷酸化及其转录因子信号转导和转录激活因子（STATs）激活下游信号传导。一旦激活，JAK/STAT复合物移位至细胞核，诱导数百种IFN刺激基因（IFN-stimulated genes，ISGs）的转录，从而在宿主中产生抗病毒状态，阻断病毒复制和传播。

在与宿主共同进化的过程中，口蹄疫病毒进化出了不同的策略逃逸先天免疫反应。其蛋白酶L^{pro}和3C^{pro}除了剪切病毒多聚蛋白产生成熟的病毒蛋白（见病毒蛋白相关部分）外，还能够剪切和降解先天性免疫信号通路的细胞蛋白（Galan等，2017；Rodríguez Pulido等，2007），从而增强病毒复制并抑制抗病毒反应（Tulloch等，2017）。事实上，L^{pro}和3C^{pro}在拮抗I型IFN中的作用正在被深入研究，Rodríguez-Pulido和Sáiz（2017）对此进行了综述。

对L^{pro}编码区缺失的病毒研究表明，FMDV感染能够通过限制IFN-I mRNA的转录、抑制其翻译，以及抑制不同ISGs表达来阻断IFN-I的抗病毒活性（de Los Santos等，2006；Zhu等，2010）。这种抑制作用与Lb^{pro}降解NF-κB的p65亚单位及调节其入核能力有关（de Los Santos等，2007）。IRF3/7是两种重要的宿主蛋白，激活下游信号和IFN-I产生，也被认为是Lb^{pro}的靶点。因此，FMDV L^{pro}通过抑制IRF3/7转录水平，导致双链RNA（double stranded RNA，dsRNA）诱导的I型干扰素产生减少（Wang等，2010）。

另外，干扰素刺激反应元件（interferon-stimulated response element，ISRE）的启动子突变研究揭示了FMDV Lb^{pro}通过干扰IRF-3/7抑制dsRNA诱导的RANTES mRNA转录（Wang等，2011a）。FMDV Lb^{pro}显示出与病毒和细胞的去泛素化酶（deubiquitylation enzymes，DUB）具有明显的序列和结构相似性，也具有去泛素化酶活性（Wang等，2011b）。泛素修饰酶和DUBs在调节免疫应答中起着重要作用（Sun，2008）。事实上，Lb^{pro}可以切割I型IFN信号途径的一些蛋白中泛素部分，如RIG-I、TRAF家族成员关联NF-κB激活因子（TANK）结合激酶1（TRAF family member-associated NF-κB activator（TANK）-binding kinase 1，TBK1）、肿瘤坏死因子（TNF）受体相关因子3[tumor necrosis factor（TNF）receptor-associated factor 3，TRAF3]和TRAF6（Wang等，2011b）等。

最近的质谱分析结果表明，转录因子活性依赖性神经保护蛋白（activity-dependent neuroprotective protein，ADNP）与FMDV Lpro相互作用（Medina等，2017），提示Lpro在感染过程中招募ADNP至早期IFN-α启动子位点，调节其转录功能，降低IFN和ISGs的表达。这种相互作用揭示了Lpro在促进FMDV

复制方面的新作用。

口蹄疫病毒3C^pro还可以切割NEMO（IKK-）蛋白，由于NEMO是IRF3和NF-κB激活的必要接头蛋白，其切割会损害IFN产生，进而逃逸先天性免疫反应（Wang等，2012）。3C^pro还可以拮抗JAK-STAT信号通路（Du等，2014）。3C^pro通过降解酪氨酸磷酸化的STAT1的核定位信号受体karyopherin 1（KPNA1），来阻断STAT1/2复合物的核移位，导致ISGs转录水平和ISRE启动子活性降低。

包括FMDV在内的几种正义链RNA病毒已经进化出新的机制，即通过切割TANK（TRAF家族成员关联NF-κB激活因子）调节NF-κB信号传导（Huang等，2015）。尽管FMCV 3C^pro的作用仍不清楚，但有人提出TANK的剪切代表了一些正义链RNA病毒逃避宿主先天免疫应答的新的共同机制。

在过去几年中，研究报道了个别FMDV蛋白（如2B、2C、3A、VP1和VP3）表达对病毒复制的影响（Li等，2013；Zhu等，2016），Rodríguez Pulido和Sáiz（2017）对此进行了综述。虽然它们的作用机制还不完全清楚，但这些蛋白参与调节I型干扰素通路。

总之，FMDV利用其主要蛋白酶来调节宿主抗病毒反应。然而，需要进一步研究来了解拮抗宿主免疫过程中涉及的分子机制及其生物学相关性。

3.4.2 适应性免疫反应

在FMDV感染模型或天然宿主中，针对FMDV的适应性或获得性免疫保护与抗体介导的功能相关。病毒感染诱导适应性免疫反应包括B淋巴细胞识别病毒表面抗原表位产生特异性抗体。在MHC Ⅱ类分子参与下，抗原被加工和递呈，以及T-细胞表位的识别能够刺激辅助性T淋巴细胞（T helper，Th）产生免疫应答所必需的生长和分化因子。诱导有效免疫应答的关键是树突状细胞（dendritic cells，DCs）。DCs能调节免疫应答，为T淋巴细胞提供必需的抗原递呈（McCullough等综述，2017）。

针对FMD的保护通常与血清中高水平中和抗体的诱导有关（McCullough等，1992）。然而，这种中和抗体水平并不一定和提供临床保护完全一致，因为有些具有低水平中和抗体的动物也可能受到保护。有人提出，病毒-抗体复合物通过病毒调理作用介导的吞噬作用可能参与体内病毒清除（McCullough等，1992；Collen，1994）。

针对病毒衣壳蛋白上的B细胞表位中和抗体（见抗原结构部分内容）最早可在感染或接种自然宿主后3~4d观察到，而首先检测到的是IgMs。这种反应在感染后10~14d达到高峰，然后逐渐减弱。IgG在感染后4~7d内被检测出来，2周后成为主要的中和抗体（Francis和Black，1983）。在感染和接种疫苗的动物中，IgG1的反应通常强于IgG2（Mulcahy等，1990）。感染或接种疫苗后不久，在上呼吸道和胃肠道的分泌物中可检测到抗体反应（Francis等，1983）。在分泌物中发现的主要抗体亚类最初是IgM，然后是IgA和IgG（Salt，1993）。

早期证据表明抗体参与了FMDV的保护，这引起人们对病毒引起的体液免疫的关注。然而，过去几十年的研究表明，T细胞免疫也参与了对该病毒的保护性免疫反应（Collen，1994；Sobrino等，2001）。在牛和猪中，B 细胞活化和抗体产生与T细胞介导（主要是CD4$^+$）的淋巴增殖反应有关，T细胞识别位于衣壳蛋白和NSP中的许多病毒表位（Collen等，1991；Sáiz等，1992；van Lierop等，1994；Garcia-Valcarcel等，1996；Blanco等，2000；Gerner等，2009；Liu等，2011）和NSP（Rodríguez等，1994a；Blanco等，2001；García-Briones等，2004；Gerner等，2006）。CD4$^+$细胞参与抗体的产生和维持协同免疫反应所需的适当微环境，这些由CD4$^+$细胞介导的反应被认为是抗口蹄疫病毒的保护性免疫所必需的。在常规接种疫苗的猪和牛中也发现了FMDV特异性CD8$^+$T细胞反应（Sáiz等，1992；Guzman等，2010）。FMDV特异性细胞毒性T淋巴细胞（cytotoxic T lymphocytes，CTL）的诱导一直是研究的难点，CTL激活在宿主免疫保护中的作用仍然未知（Rodríguez等，1996；Childerstone等，1999）。另一方面，口蹄疫病毒感染导致易感细胞MHC-I类分子表达迅速减少（Sanz Parra等，1998）。这种效应的后果之一是损伤了FMDV感染细胞向CTLs递呈病毒肽，这可能有助于病毒逃逸宿主抗病毒机制。

3.5 病毒进入、复制和翻译

FMDV通过与易感细胞表面上的受体结合而引发感染。人们普遍认为，FMDV受体在导致疾病发生的组织和器官嗜性中发挥作用（Evansa和Almond，1998；Sobrino等，2001）。由于FMDV对上皮细胞的偏好性，因此研究主要集中于在这种类型细胞中寻找FMDV受体。目前认为FMDV的主要细胞受体是整联蛋白（integrins）。这种蛋白属于跨膜糖蛋白，能够在不同细胞类型中表达，在细胞黏附和迁移、血栓形成和淋巴细胞互作中发挥作用。整联蛋白由共价结合的两个亚基（α和β）组成（Moreno-Layseca和Streuli，2014）。研究表明，FMDV与整联蛋白的结合是通过VP1蛋白中的保守序列RGD基序发生的（Robertson等，1983；Fox等，1989；Parry等，1990）。该基序也见于纤连蛋白，一种介导细胞附着的细胞外基质蛋白（Pierschbacher和Ruoslahti，1984）。

RGD基序位于G-H环内，包括VP1蛋白的第133～158位氨基酸（Acharya等，1989；Logan等，1993）（图3.4和图3.6），并且高度暴露容易被抗体接近，实际上是FMDV的主要B细胞抗原位点（位点A）。尽管RGD三联体的保守性很高，但FMDV之间G-H环的序列差异很大，推测这种变化可以保护这些重要氨基酸免受抗体攻击。

一些研究结果表明，FMDV可以使用高拷贝数的替代受体进入细胞，这种受体是硫酸乙酰肝素（heparan sulfate，HS）（Baxt和Bachrach，1980；Sekiguchi等，1982；Jackson等，1996）。HS是一种糖胺聚糖（glycosaminoglycan，GAG），即一种二糖的重复聚合物，高度硫酸化，因此带负电。HS作为一种完整的膜成分广泛分布于动物组织和不同细胞类型中（Kjellén和Lindahl，1991）。FMDV适应组织培养后，可通过突变积累使衣壳表面正电荷增加而获得使用HS作为受体的能力（Baranowski等，2000），从而导致在宿主物种的毒力减弱（Sa Carvalho等，1997）。另一方面，最近有人提出，JmjC结构域家族蛋白6（Jumonji C-domain-containing protein 6，JMJD6）可能在CHO 677细胞中用作FMDV的替代受体（Lawrence等，2016）。

病毒感染细胞依赖于病毒结合的细胞受体，结合整合素的FMDV依赖网格蛋白进入细胞（Berryman等，2005；O'Donnell等，2005；Martín-Acebes等，2007）；相反，HS变异体通过小窝蛋白介导的内吞作用进行内化（O'Donnell等，2008）。最近的一项研究表明，FMDV也可以利用巨胞饮作用进入细胞（Han等，2016）（图3.6）。

溶酶体药物抑制病毒复制（Carrillo等，1985；Baxt，1987）及病毒颗粒对体外酸性孵育的敏感性（Martín-Acebes等，2010；Caridi等，2015）表明，FMDV的膜穿透和脱壳取决于pH。FMDV脱壳发生在早期内体（Berryman等，2005；O'Donnell等，2005；Martín-Acebes等，2009），内体的弱酸性环境诱导140S病毒粒子分解成12S五聚体亚基，并引起RNA释放到细胞质中（Cavanagh等，1978；Vázquez-Calvo等，2014）。研究表明，不能将前体VP0成功剪切为VP2和VP4的基因工程毒株不具有感染性，但是该毒株能够吸附在细胞表面且对酸敏感（Knipe等，1997）。这些发现表明，病毒颗粒解体后必须有其他事件参与才能导致有效感染。

脱壳后，RNA通过尚未清楚的机制释放到细胞质中，以IRES依赖性方式开始病毒翻译。如前所述，IRES是一种顺式作用RNA元件，采用三维结构来招募细胞翻译机器。对于大多数细胞mRNAs来说，5′帽子结构是由eIF4F、eIF4A（RNA解旋酶）、eIF4E（帽子结合蛋白）和eIF4G（支架蛋白）组成的复合物识别的，这些复合物与其他因子一起被募集到mRNA，起始真核蛋白

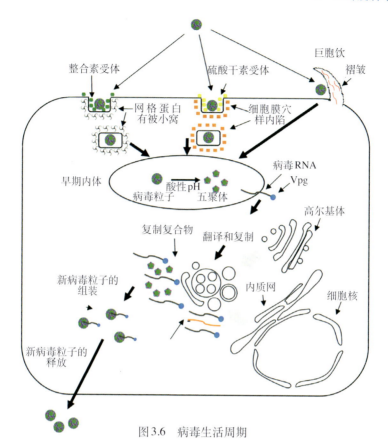

图3.6　病毒生活周期

质的合成。病毒L^{pro}对eIF4G的特异性切割导致其N-末端eIF4E的结合位点的缺失，因而损伤了宿主细胞中帽子依赖性的蛋白质合成。相比之下，eIF4G的C-末端部分保留了eIF4A和eIF3的结合位点，使得FMDV IRES有足够的活性（Gao等，2016）。

有趣的是，基因组的3′末端也可能是FMDV翻译所必需的，因为其缺失降低了非感染性RNA在体外反应中的翻译效率；而将其添加到由FMDV IRES驱动的双顺反子突变体中能够刺激IRES介导的体外翻译（López de Quinto等，2002）。

如前所述，翻译起始后产生单个多聚蛋白，该多聚蛋白经历一系列剪切，最终产生结构蛋白和非结构蛋白。然而，从转录到复制的转换是如何调节的，仍然存在争议。

FMDV 3D及其前体3CD定位于感染或瞬时表达这些蛋白质的细胞核中（García-Briones等，2006）。作为3CD前体的一部分，在细胞核3C^{pro}的传递会促进感染后发生的3C介导的组蛋白H3切割（Grigera和Tisminetzky，1984；Falk等，1990）。另外一些证据表明，FMDV蛋白与细胞核之间相互作用并引起相关变化。比如，RNA解旋酶A（RHA）（Lawrence和Rieder，2009）和Sam68（两种与病毒生命周期相关的RNA结合蛋白）从细胞核重新分布到细胞质中（Lawrence等，2012）。此外，如前一节所述，L^{pro}移位至细胞核，介导p65/RelA（NF-κB的亚基）（de Los Santos等，2007）和IRF3/7（Wang等，2010）的降解。

FMDV RNA的复制发生在细胞质，与病毒募集结构（称为复制复合物）中的细胞膜紧密结合，而在这些复制复合物中发现的细胞膜的来源仍不清楚（Knox等，2005）。3D^{pol}，作为RNA依赖性RNA聚合酶，首先复制基因组正义链RNA，生成负义链RNA，使用其作为模板产生大量新的正义链RNA（图3.6）。

3.6 病毒致病机制

FMDV感染会引起一种急性全身性水疱病FMD，可感染牛、猪、绵羊和山羊、水牛、牦牛、美洲驼、羊驼和双峰驼等偶蹄动物，以及70多种野生反刍动物（Nfon等，2017）。感染动物如此广泛的机制仍不清楚。在自然感染情况下，病毒进入宿主的主要途径是呼吸道。该病毒还可以通过皮肤损伤感染，也可以通过皮内注射到舌头或爪子中进行实验性接种。尽管物种和接种途径略有不同，但最初的病毒增殖通常发生在咽上皮细胞，产生初级囊泡或"口疮"（Alexandersen和Mowat，2005）。FMDV蛋白首先在角质细胞中检测到，并伴随着棘层细胞的改变（图3.7）。在上皮细胞感染后24～48h内，出现发热和病毒血症，病毒进入血液并扩散到不同的组织和器官，优先在口腔和足部产生二级囊泡。FMD的临床症状包括发热、流涎、食欲不振、跛行，偶尔还有乳腺炎（综述见Nfon等，2017）。FMD临床症状和病变如图3.7所示。尽管病毒在感染动物中传播的机制尚不清楚，但有人提出巨噬细胞可能参与病毒血症期间的病毒传播（Baxt和Mason，1995；Yilma，1980）。

病毒感染的急性期持续约1周并逐渐下降，伴随着强烈的体液免疫反应。成年动物死亡率相对较低，但有急性病毒性心肌炎的幼小动物死亡率较高（图3.7）。足囊中的继发性细菌感染可导致慢性跛足、消瘦和死亡。

在反刍动物中，可以建立无症状的持续感染（van Bekkum等，1966）。在持续感染的动物中，病毒可以在感染后几周到几年内从食道和咽喉液中分离出来（Salt，1993）。在急性感染后，未感染和接种疫苗的动物都可能发生持续感染（Sutmoller和Gaggero，1965）。介导这种持续感染的机制尚不清楚，但是

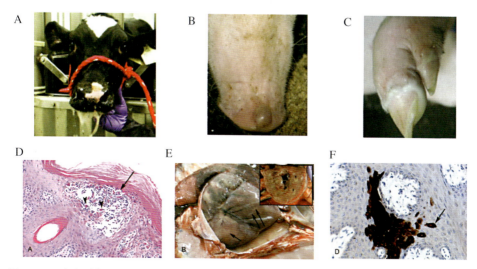

图3.7　口蹄疫引起的口腔内和口腔周围的临床体征和病变。A.嘴里流口水。B.鼻子上的囊泡（猪）。C.充满液体肿胀和冠状带延伸到足跟垫（猪）。D.FMDV实验感染牛的皮肤显示表皮内囊泡（箭头）。注意存在中性粒细胞浸润的棘层松解的角质细胞（箭头）。E.猪心脏显示白色条纹和心肌中苍白区域（箭头）。右上角插图：在横截面上，左心室可见多灶性苍白坏死区域（箭头）。F.白尾鹿的足跟角质细胞内FMDV抗原的免疫组织化学检测（箭头）。改编自（Nfon等，2017）

研究表明，在感染动物中FMDV感染建立了宿主免疫应答与上呼吸道黏膜上病毒抗原变异之间的动态平衡（Gebauer等，1988）。虽然这仍然是一个有争议的问题，但流行病学证据表明，持续感染的动物在与易感动物接触时可能引发口蹄疫暴发（Hedger和Condy，1985）。

3.7　诊断和病毒鉴定

由于一些其他疾病能引起FMDV类似的临床症状，如猪水疱病（swine vesicular disease，SVD）、水疱性口炎（vesicular stomatitis，VS）、猪水疱性皮疹（vesicular exanthema of swine，VE）和塞内卡病毒A病（Seneca virus A，SVA），因此需要对口蹄疫进行鉴别诊断。FMD的早期识别和诊断是控制疾病传播的关键因素，并且对于最大限度地减少暴发的后果具有决定性作用，例如英国2001年的大流行（McLaws和Ribble，2007）。诊断过程通常从农民或兽医的现场检查开始，然后使用实验室方法确认样品中存在感染性病毒或FMDV特异性抗体（Kitching，2004；Ludi等综述，2017）。

FMDV 表现出的抗原变异在很大程度上限制了其诊断策略，包括使用基因组学和血清学方法。FMDV 的七种血清型（A、O、C、Asia1、SAT 1 至 SAT 3）已经根据病毒在动物中诱导交叉保护的能力进行了鉴定。这种交叉保护受限于血清型，并且对同一血清型的不同亚型和同一血清型的不同变异毒株不能提供完全交叉保护，Pereira（1981）对此进行了综述。

经典技术，如补体结合（complement fixation，CF），仍在有限的实验室中使用；血清中和（serum neutralization，SN）试验，需要使用已建立的细胞系，已被用于检测临床样品中的病毒衣壳蛋白，可以区分血清型。此外，还开发了 ELISA 替代品来鉴定 FMDV 和对分离株进行分类。这些 ELISA 通常采用多克隆抗血清进行抗原捕获（夹心）的形式，但与病毒分离相比，在临床样品中检测 FMDV 灵敏度较低（Ferris 和 Dawson，1988）。

FMDV 的血清学检测通过 CF、SN 和 ELISA 进行，检测针对病毒颗粒的抗体（Ludi 等，2017）。这种检测是血清型特异性的，不能区分感染动物和接种疫苗动物（Pinto 和 Garland，1979）。区分感染动物和接种动物非常重要，特别是对于牛，因为即使在接种疫苗的动物中也会产生不明显的持续性感染（见病毒致病机制部分内容）。

以前鉴定 FMDV 感染特异抗体主要是通过检测病毒感染相关（Virus infection associated，VIA）抗原，而且主要针对病毒蛋白 $3D^{pol}$（Cowan 和 Graves，1966）。目前，应用 ELISA 方法检测除 3D 以外的其他 NSP，这些 NSP 被证明是 FMDV 感染的特异性标志物（Neitzert 等，1991；Rodríguez 等，1994a）。靶向 3AB-3ABC 抗体的 ELISA 已成为 FMDV 感染诊断的标准方法（Bergmann 等，2000；Brocchi 等，2006）。

在过去的几十年中，由于 RT-PCR 特异性好、灵敏度高和所需时间短等特点，采用 RT-PCR 检测和分型 FMDV RNA 已成为许多实验室的常规方法（Meyer 等，1991；Rodríguez 等，1994b；Reid 等，2000）。此外，RT-PCR 与核苷酸测序结合可以快速鉴定野生型分离株并追踪新的流行。从最初关注衣壳蛋白 VP1 编码序列的测序分析（Dopazo 等，1988；Knowles 和 Samuel，2003）到现在正扩展到整个基因组，Ludi 等（2017）对此进行了综述。实际上，位于英国皮尔布赖特（Pirbright）的 WOAH/FAO 世界口蹄疫参考实验室建立了一个网站，以提供 FMDV 序列数据库（http://www.wrlfmd.org/eurl-fmd/）。

对新的 FMDV 分离株实施扩展测序正在为毒株分型和疫苗开发提供相关信息。口蹄疫对于世界上技术较弱的国家来说仍然是一个严重的经济问题，技术更先进的国家应该提供专业知识来控制这种可怕的疾病。

3.8 口蹄疫控制与流行病学

尽管死亡率较低，但口蹄疫严重降低了生猪产量，并限制了牲畜和牲畜产品贸易。流行地区的口蹄疫控制是通过定期接种疫苗来实施的（见疫苗部分内容），这有助于在世界上有效实施疫苗免疫的地区根除口蹄疫，例如欧盟，以及最近的乌拉圭、阿根廷、巴拉圭和巴西南部。

自20世纪80年代初以来，为了保持一个地区口蹄疫的净化，普遍严格控制从疫区进口动物，实施"不接种疫苗、扑杀政策（意味着屠宰受感染和接触的动物，以及限制动物运输）"（Donaldson 和 Doel，1992）。尽管如此，在过去20年中，全球贸易的增长促进了这种疾病在无疫国家的重新传播，并造成毁灭性后果（Sobrino 和 Domingo，2001）。例如，发生在中国台湾（1997年）、英国（2001年）和阿根廷（2000—2001年）的口蹄疫，数百万只动物必须被屠宰。仅在英国，前后屠宰了1 000多万头牛、羊和猪（Rowlands综述，2017）。这些疾病暴发的规模及其造成的经济和社会代价导致越来越多的人接受"接种疫苗以生存"的政策，作为在无口蹄疫国家暴发疾病时"扑杀政策"的替代/补充政策。这反映在世界动物卫生组织（WOAH）法典新类别"无口蹄疫国家/地区实施接种疫苗"中。

尽管随着全球贸易的增加，口蹄疫已在发达国家重新传播，但口蹄疫同许多其他传染病一样，显然与地区的发展水平较低有关，并导致许多发展中国家出现严重的经济问题。该病的控制受到若干社会经济和技术因素的限制；其中，病毒抗原的巨大多样性使得无法制备具有统一质量控制标准和全球都可使用的通用疫苗。关于FMD控制，详细见综述Kitching（2004）。

感染动物身上经常会发生很强的病毒扩增，尤其是在猪身上，每只感染动物最多可检测到 10^{12} 个感染单位的病毒（Sellers，1971），这使得口蹄疫病毒被WOAH视为传播率最高的动物病毒之一。在自然感染中，病毒传播的主要途径是呼吸道，1～10个感染单位的病毒就能引起感染（Sellers，1971）。口蹄疫病毒可通过牲畜、农民、农业设备，以及在动物运输过程中机械传播（Brooksby，1982）。远距离、空中传输也有记录（King等，1981）。

口蹄疫病毒RNA的核酸序列测定和随后的系统发育分析有助于揭示该病毒的流行病学（Martinez等，1992）。这些研究表明，目前的口蹄疫病毒谱系（血清型）可能是从1 000年前感染非洲水牛的共同祖先进化而来（Knowles，2013）。其中一个谱系，SAT1-3一直存在于非洲，与非洲水牛有关，可能有赖于一部分水牛个体持续感染SAT谱系FMDV。非洲水牛是唯一能长期保持口蹄疫感染的易感物种，这对南部非洲的疾病控制提出了重要挑战（Vosloo和Thomson，2017）。核酸测序和系统发育分析也揭示了不同血清型和拓扑型的分布模式，这些模式因国家而异，并追踪了不同口蹄疫谱系跨越国际边界的时空传播（Knowles等，2016）。核酸序列测定也有助于确定暴发口蹄疫的来源，这是流行病学的一个关键点，但是由于流行病学数据有限，以及涉及病毒传播的不同途径，了解这一点可能变得非常困难。

3.9 针对口蹄疫的疫苗和抗病毒药物

常规疫苗的预防性接种已被广泛用于控制口蹄疫，并已被证明是最有效的疾病控制措施（Parida，2009）。目前的商业疫苗主要是用不同佐剂乳化的化学灭活的全病毒（Smitsaart和Bergmann，2017）。尽管它们在疾病流行国家能够引起针对该疾病的保护性免疫，但这些疫苗显示出一些缺点，因此20世纪80年代欧盟采用了非疫苗接种政策。在未实施疫苗接种的地区，大规模扑杀易感动物是控制疾病传播的主要措施，但由于动物运输和食品工业受到限制，所以导致巨大的经济损失。

直到20世纪中叶，当细胞培养系统可用并发现二元乙烯亚胺是RNA病毒的灭活剂时，疫苗才得以完全开发使用（Bahnemann，1972；Mowat和Chapman，1962）。

虽然这些灭活疫苗在充分配制后会引起保护性反应，但需要付出许多努力来缓解它们的一些缺点，例如：①需要恒定的冷链（4℃）以保持FMDV颗粒的稳定性，原因是其免疫原性由于在较高温度下会解离成五聚体而显著降低（图3.2）；②需要BSL-3设施生产活病毒；③确保疫苗DIVA（区分感染动物和接种动物）相关的问题，即能够对感染动物和接种动物进行血清学区分（见诊断与控制部分内容）。此外，七种血清型和多种抗原变异体的高度可变性增加了保护性疫苗开发的复杂性（Taboga等，1997）。到目前为止，每个口蹄疫流行地区的流行病学状况决定了其疫苗配方，因为流行的FMDV可能不止一种血清型。

由于这些原因，几十年来寻找替代疫苗一直是深入研究的课题（Brown，1992；Rodriguez和Grubman，2009；Cao等，2016；Diaz-San Segundo等，2017），其中一些疫苗策略将在下文中讨论。

3.9.1 减毒活疫苗

使用非天然易感动物生产口蹄疫疫苗是首次获得减毒病毒的尝试之一

(Bachrach，1968)。这种方法是在动物模型如小鼠或豚鼠中通过连续传代适应FMDV分离株。然而，很快就发现这种类型的适应病毒并不能保证它们在天然宿主中的毒力致弱（Núñez等，2007）。自此，为开发安全的减毒活疫苗，人们需在病毒致弱和复制之间寻求平衡，以诱导保护性免疫。靶向FMDV毒力因子一直是开发减毒活疫苗的主要策略。在这方面，缺乏L^{pro}蛋白的病毒被作为候选疫苗毒株。这些病毒具有在牛（Mason等，1997）和猪（Chinsangaram等，1998）体内致弱和诱导中和抗体的特征。此外，L^{pro}编码区突变的病毒能够引起早期保护性免疫（Segundo等，2012）。麦克纳等对VP1衣壳蛋白细胞受体结合基序RGD突变后的FMDVs作为减毒疫苗毒株进行评估，发现缺乏该结构域的病毒在培养细胞和猪体内减弱。动物实验表明，它们能够在牛中能够诱导中和抗体和完全保护（McKenna等，1995）。尽管取得了这些有希望的结果，但在自然宿主中的毒力返强风险被认为是这类疫苗的一个问题和主要缺点。

最近的研究报道，在结构蛋白编码区中进行多个同义核苷酸替换的病毒不仅致病性减弱，而且可以很好地进行细胞培养（Diaz-San Segundo等，2016）。该方法采用密码子偏好性（一种物种特异性的特征）可影响病毒复制和毒力的理论（Mueller等，2006）。到目前为止，这种称为密码子优化的致弱方法尚未进行FMD体内实验。$3D^{pol}$蛋白也是病毒致弱的靶标，在其他小核糖核酸病毒中，改变$3D^{pol}$构象的突变体导致其复制能力改变（Campagnola等，2015）。最近研究已经表明，影响RNA聚合酶活性的突变能够使其在动物模型中的毒力致弱，这成为疫苗开发的潜在方法（Rai等，2017）。

3.9.2 口蹄疫病毒样颗粒

近几十年，模拟完整病毒但缺乏可感染RNA的病毒样颗粒是FMDV疫苗研究领域的热点之一。cDNA技术和分子克隆的出现使得衣壳蛋白在细菌和杆状病毒中的表达成为可能，从而获得在天然宿主中具有免疫原性的空衣壳（Roosien等，1990；Grubman等，1993）。这些颗粒可以诱导保护性免疫应答（Xiao等，2016），并且由于没有NSP蛋白污染，因此被认为是DIVA疫苗。然而，已有研究表明空衣壳的产量非常低，从而限制了该方法用于疫苗开发的可行性。如前所述，FMDV空衣壳蛋白的有效表达需要$3C^{pro}$对P1多聚蛋白的充分加工。多年来，$3C^{pro}$的细胞毒性作用限制了该方法的应用（Porta等，2013b）。但应用双顺反子系统，$3C^{pro}$的下调能够使空颗粒更稳定和有效地生产（Gullberg等，2013a），为改进基于这些颗粒的疫苗开辟了一个有趣的替代方案。由于使用空衣壳作为疫苗的主要缺点之一是它们的热稳定性（空衣壳比病毒粒子对热更敏感），因此现在研究集中于这种不稳定性的分子基础并修饰病毒衣壳以产生更稳定的颗粒（综述于Mateu，2017）。在五聚体之间引入二硫键的突变可以使空衣壳热稳定性更好（Porta等，2013a），这些空衣壳在牛中能够诱导类似于野生型衣壳的中和抗体水平，并能够提供部分保护（Porta等，2013a）。同样，在衣壳蛋白VP2中引入突变，估计会建立非共价相互作用，增加FMDV O型和SAT2五聚体-五聚体的稳定性，从而使衣壳更加稳定。用这些稳定的衣壳免疫牛可以达到与4℃短期储存后的野生型衣壳蛋白相似的中和滴度。值得注意的是，在长期储存（4～6个月）后，突变的SAT2型衣壳能够在豚鼠体内产生同样保护的效果（Kotecha等，2015）。研究表明，应用这些方法改进的具有耐酸性和热稳定性的全病毒灭活疫苗在猪体内具有很好的免疫原性，可以作为商业疫苗（Caridi等，2017）。

3.9.3 肽疫苗

由于VP1被确定为FMDV中和抗体的主要靶标，因此已经投入许多努力来探索基于整个VP1或其片段的疫苗作为替代疫苗的可行性。有关肽疫苗的优点，有以下几方面值得强调：①安全的，不具有感染性物质，并且不可能恢复毒力；②DIVA疫苗；③易于处理和储存（不需要冷链）；④化学性稳定。此外，大规模生产这些疫苗是相对经济的。在20世纪80年代早期，首次尝试使用基于VP1的线性肽生产合成肽疫苗。Bittle及其同事报道，对应于VP1 G-H环的肽（参见前面的部分）能够诱导小鼠产生中和抗体并能保护豚鼠（Bittle等，1982）。后来，研究报道了该肽与VP1的C-末端线性并具备诱导中和抗体的能力（Strohmaier等，1982），并且能够保护牛免受病毒感染（DiMarchi等，1986）。VP1 G-H环（位点A）作为B细胞表位的主要优点是该表位由连续氨基酸组成，易于模拟生产肽疫苗（Wang等，2002；Cubillos等，2008）。相反，其他B细胞中和表位的不连续性或构象依赖性的结构（Mateu等，1998；Liu等，2017）阻碍了它们模拟为肽及用于疫苗开发（Villén等，2002，2006）。尽管肽具有疫苗潜力，但几十年来面临的主要问题是与常规灭活疫苗相比，它们的免疫原性较弱（Doel等，1988）。

基于VP1疫苗的一个重要考虑因素是，尽管G-H环上的主要B细胞表位是连续的，但它需要适当的折叠才能具有免疫原性，这一事实与细菌生产的VP1诱导较弱保护反应一致（Kleid等，1981）。此外，与基于病毒亚单位的疫苗设计相关，需要充足的T细胞应答来增强FMDV中和抗体的产生，并且已经对各种FMDV宿主中的T细胞表位进行了描述。在前面部分中也讨论过，并在该文献（Sobrino等，1999）中进行了综述。实际上，将牛中已鉴定的T细胞表位序列（Collen等，1991）与对应于G-H环的肽和VP1中的位点

C在构建体中线性并置可以增强所提供的保护（Taboga等，1997）。在大规模的疫苗接种试验中，从未获得保护的动物中分离出逃逸突变体，暗示可能会出现病毒变异。

由于经典线性肽在家畜中几乎没有达到能用作商业疫苗的保护水平，因此目前应用多聚化策略来克服它们的低免疫原性。将T细胞表位与多拷贝不同FMDV血清型的VP1 G-H环连接的疫苗，能在小鼠中出现类似于商业疫苗水平的抗FMDV应答（Lee等，2017）。更复杂的多聚化方法是所谓的多抗原肽（multiple antigenic peptides，MAPs），其中，使用单个支架分子使B细胞表位从赖氨酸核心分支，产生树枝状大分子肽（Tam，1988；Cubillos等，2008）。有趣的是，其中一种树状聚合物肽展示了连接FMDV 3A蛋白T细胞表位与4个拷贝来自C型FMDV的G-H环，能够保护猪免受同源FMDV攻击（Cubillos等，2008）。值得注意的是，带有2个拷贝的B细胞表位的缩小版疫苗能在猪体内提供针对O型FMDV的全面保护（Blanco等，2016）。这些结果令人鼓舞，证明这些构建体也许可以作为替代的疫苗。

3.10 抗病毒治疗

常规疫苗的免疫接种需要5～14d的时间才能提供全面的保护，具体取决于所用疫苗和剂量。因此，人们非常重视确定与疫苗联合应用的抗病毒策略，以尽量减少疫苗接种诱导免疫保护前造成的损失。另一方面，在没有实施疫苗接种的国家，如果突然暴发疫情，没有可用疫苗，抗病毒治疗能阻止家畜和易感动物的感染。FMD抗病毒研究的最新技术最近得到了全面综述（De Vleeschauwer等，2017）。在这里，我们简要讨论目前正在使用的三种抗病毒方法。

3.10.1 生物抗病毒方法

I型干扰素是病毒感染中调节先天抗病毒反应的主要细胞因子（Sellers，1963；Grubman和Baxt，2004），因此，它们是用作抗病毒的候选物。实际上，早在接种后一天，由人类复制缺陷腺病毒（Ad5-pIFN-α）作为载体生产的猪I型干扰素可以保护猪（Chinsangaram等，2003）。该策略已经扩展到来自其他FMDV天然宿主的I型干扰素（Diaz-San Segundo等，2017）。另一方面，来自FMDV基因组的非编码（nc）RNA在体内实验中可以作为先天免疫应答调节剂（Rodríguez-Pulido等，2011），当这些ncRNA被共同注射在猪体内后，商业疫苗的免疫原性及产生的保护得到增强（Borrego等，2017）。

3.10.2 核苷类似物

FMDV的病毒RNA依赖性RNA聚合酶3D^{pol}是RNA病毒药理学治疗的经典靶标之一（Graci和Cameron，2008）。第一个也是最著名的抗RNA病毒核苷类似物为利巴韦林（1-β-D-呋喃核糖基-1H-1，2，4-三氮唑-3-羧酰胺），该化合物对FMDV RNA聚合酶活性的抑制作用及其诱导致死突变的潜力已被广泛研究（de la Torre等，1988；Perales等，2011）。

3.10.3 Favipiravir（T-705）

小分子已被用作靶向不同病毒蛋白活性位点的抗RNA分子。其中，吡嗪甲酰亚胺衍生物如T-705（favipiravir）对包括流感病毒在内的几种病毒科病毒具有有效的抗病毒活性（Furuta等，2013）。用T-705预处理的培养细胞能使其对FMDV感染的易感性降低，而另一种吡嗪甲酰亚胺衍生物（T-1105）的这种效应则更为明显（Sakamoto等，2006）。

3.11 致谢

这项工作得到了西班牙MINECO的AGL2014-52395-C2和AGL2017-84097-C2-1-R及P2013/ABI-2906项目（由马德里自治区和EC FEDER基金共同资助）的资助。

参考文献

4 猪圆环病毒

Porcine Circoviruses

Sheela Ramamoorthy[1*†], Pablo Piñeyro[2†]

翻译：杜银平 韩海格；审校：张鹤晓 封文海

1 Department of Veterinary and Microbiological Sciences, North Dakota State University, Fargo, ND, USA.

2 Department of Veterinary Diagnostic and Production Animal Medicine, Iowa State University, Ames, IA, USA.

*Correspondence: sheela.ramamoorthy@ndsu.edu

† Contributed equally

https://doi.org/10.21775/9781910190913.04

4.1 摘要

猪圆环病毒（porcine circoviruses，PCVs）是小型、单链DNA病毒，属于圆环病毒科。病毒基因组全长 1 700 bp，包含两个编码方向相反的开放阅读框 ORF1 和 ORF2，分别编码病毒衣壳蛋白和复制酶蛋白。PCV2既可以通过饲料、饮水和接触等方式水平传播，也可以通过垂直方式由母猪感染仔猪。PCV2最早作为断奶仔猪消耗综合征的病原而被发现，以引起仔猪严重体重下降和淋巴结病变为主要症状。随后，PCV2感染导致的一系列临床综合症状相继被发现，包括繁殖障碍、呼吸道症状和腹泻等，相关症状目前已被认定为猪圆环病毒关联疾病（porcine circovirus-associated diseases，PCVAD）。PCVAD死后诊断需要综合发病猪出现典型猪圆环病毒临床症状，同时组织或淋巴结采样检测PCV2抗原为阳性。生前诊断则需要在结合群体发病历史的基础上，通过血清学实验检测PCV2抗体或者通过PCR实验检测病毒DNA。商品化疫苗免疫可以有效防止PCV2临床症状的发生，在仔猪3周龄或母猪产仔之前进行免疫。疫苗免疫和严格的生物安全措施对于猪圆环病毒防控至关重要。但是，病毒突变和重组所导致新型毒株的周期性出现，导致PCV2持续成为严重威胁养猪领域经济效益的重要病原。

4.2 引言

圆环病毒（*Circoviruses*）是小型、无囊膜的单链DNA病毒，属于圆环病毒科（*Circoviridae family*）。随着宏基因组技术的进步，圆环病毒广泛传播和普遍存在特性越来越多地被认识到。圆环病毒可以广泛感染哺乳动物、禽类和水生宿主。圆环病毒科主要包括两个属，分别是圆环病毒属（*Circovirus*）和环旋病毒属（*Gyrovirus*），此外环状病毒属*Cyclovirus*（ICTV，2016）也于2016年被提出。猪圆环病毒（PCVs）、长尾鹦鹉喙羽病病毒（psittacine beak and feather disease virus，PBFDV）和其他鸟类圆环病毒属于圆环病毒属。致病性鸡贫血病毒（the pathogenic chicken anaemia virus，CAV）属于环旋病毒属。人类环旋病毒（human gyroviruses）也已经被发现，但是致病性尚不清楚。指环病毒属（*Anelloviruses*），如扭矩病毒（torque teno viruses）最初被归类到圆环病毒科，但是最近已经被划成分为一个单独的科。环状病毒（*Cycloviruses*）可以感染人类、蝙蝠、黑猩猩和龙蝇等物种。环状病毒的致病性尚不清楚，将其单独设科的建议正在审查中（ICTV，2016）。

猪圆环病毒最早是于20世纪70年代作为PK-15细胞系的污染物而被发现（Tischer等，1974），并且在世界几个地区的猪群中广泛流行（Tischer等，1995a、b）。但是，用污染细胞的培养物感染猪以后并未引起疾病。因此，猪圆环病毒一度被认为是宿主病毒的非致病成分（Tischer等，1986）。20世纪90年代中叶起，断奶仔猪暴发以严重消瘦和淋巴结肿大为主要症状的疾病逐渐增加，导致致病性PCV变异株被发现。新变异毒株衣壳蛋白在基因和抗原特性方面与非致病性PCV相比均有显著差异（Allan等，1998）。在科赫假设（Allan等，1999）被证实后，新出现的病毒被命名为猪圆环病毒株2（PCV2），而非致病性变体被称为猪圆环病毒株1（PCV1）。

4.3 流行病学与进化

由致病性PCV2引起的相关疾病暴发最早发生在加拿大（Harding，2004）。自此，该病毒迅速向亚洲、拉丁美洲、欧洲和北美洲等多国阴性猪群感染扩散。目前，据估计，美国98%以上的猪群PCV2阳性(Shen等，2012)。PCV2在全球范围内出现如此迅速的传播，归因于国际动物和动物产品流动、全球贸易、病毒耐高温性和不易被灭活性等（Meng，2012）。此外，PCV2可以导致慢性感染，且带毒猪的所有分泌物和排泄物均可散毒(Shibata等，2003)。所有水平传播途径和垂直传播途径均可导致PCV2传播扩散(Madson等，2009)。2006年起，美国和欧洲投入使用的商品化疫苗可以有效防控PCV2，并可以明显提升猪群生产性能。但是，免疫猪群仍然会定期暴发PCV2疫情。对疫情的调查显示，一种新的病毒变异株出现，其特征是在衣壳基因中出现一个独特的基序序列。新的变异毒株被命名为PCV2b，而早在20世纪90年代出现的变异毒株则被命名为PCV2a（Ramamoorthy和Meng，2009）。新出现的PCV2b毒株迅速传播并成为流行最为广泛的优势毒株。此后，第三个变异毒株PCV2d于2012年出现，现在是主要猪肉产区的优势毒株（Guo等，2012）。PCV2a、PCV2b和PCV2d毒株的毒力特性已经被证实，而另外两个毒株PCV2c和PCV2e毒株的流行范围不是特别广泛（Ssemadaali等，2015）（图4.1）。最近，一种与PCV1和PCV2存在差异的新型PCV毒株被发现，该毒株与猪皮炎和肾病综合征（porcine dermatitis and nephropathy syndrome，PDNS）高度相关并且被命名为PCV3（Palinski等，2017）。关于PCV3的科赫假设还有待进一步证实。

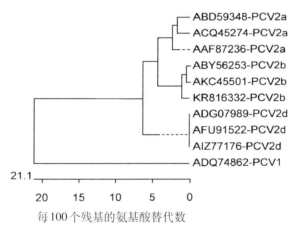

图4.1 PCV2基因型2a、b和d进化树。该进化树采用MegAlign软件构建，以邻接方式和衣壳基因序列为依托计算而成。以PCV1作为外群参照，距节点的水平距离表示毒株间序列遗传差异的程度

植物纳米病毒被认为是PCV的遗传学祖先，因为两种病毒之间的复制酶蛋白高度相似。植物纳米病毒可能与一种RNA病毒，尤其是可能与小核糖核酸病毒发生了重组事件，进而导致进化为PCV1和对哺乳动物宿主的适应（Gibbs和Weiller，1999）。虽然PCV2出现的确切机制目前尚不清楚，但很明显的是PCV2仍在不断进化出新的毒株，而导致其快速进化的原因尚不清楚。绝大多数具有临床症状的猪同时被多个PCV2基因型感染（Khaiseb等，2011），

这进一步佐证了重组是病毒达到进化的共同机制。文献中描述了几种含有来自不同基因型的交换基因片段的重组毒株。交换基因片段在ORF1和ORF2中均有出现。在猪体内也检测到了被截断的可复制PCV2基因片段，大小为600～800 bp。自发突变是PCV2进化的第二个重要机制，PCV2的突变率每年约为1.2×10^{-3}个突变/核苷酸位点，对于单链DNA病毒来说是一个相对较高的比例（Firth等，2009）。例如，最近出现的PCV2d毒株以及其他变异毒株与PCV2b毒株相比，其衣壳基因包含1个或2个额外氨基酸，而在ORF2其他部分中则包含单个氨基酸突变。目前，上述序列变化与生物学和毒力特性之间的关联性尚未确定，这可能是由于实验模型在复制该疾病临床症状方面仍存在一定的局限性（Ssemadaali等，2015）。

4.4 结构和细胞入侵

环状病毒衣壳无囊膜包裹，是结构最为简单的二十面体病毒，病毒粒子直径约为17nm。针对PCV2衣壳蛋白的最新晶体结构解析结果显示（Khayat等，2011），病毒核衣壳由60个亚基组成，亚基排布呈T=1对称，有12个顶点，20个面，每个面包含3个亚基（图4.2A）。每个亚基约由234个氨基酸组成，折叠成4个反平行的β折叠结构，通过环状结构连接。这些β折叠结构组成了病毒表面拓扑结构，相邻亚基之间通过环状结构之间的相互作用而形成稳定的二十面体结构。衣壳蛋白N端前40个氨基酸区域N1-40包含核定位信号，核定位信号包埋在蛋白结构之中，但是在病毒复

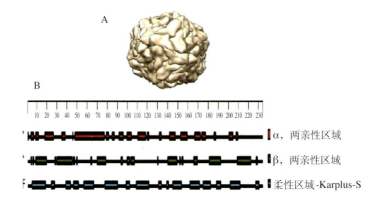

图4.2 A.基于晶体结构的PCV2衣壳表面图，蛋白亚基以T=1对称排列，形成病毒衣壳二十面体结构。图片来源于https://rcsb.org and Khayat等（2011）。B.衣壳蛋白单个亚基结构预测图，图中显示α-螺旋、β-折叠和柔性区域

制过程中会短暂暴露（图4.2B）。衣壳蛋白具有免疫原性，是大多数商品化PCV2疫苗的唯一抗原成分。

硫酸肝素（heparan sulfate）和硫酸软骨素B（chondroitin sulfate B）可能是PCV2的细胞受体。衣壳蛋白98-103氨基酸残基被预测为病毒结合位点，因为它们包含肝素结合基序XBBXBX（Misinzo等，2006）。但是，晶体结构解析结果显示上述位点包埋在衣壳结构之中。根据蛋白结构预测显示，位于病毒衣壳结构三倍轴上的一个正电荷残基裂隙可能包含硫酸肝素结合位点（Khayat等，2011）。PCV具体入胞机制目前尚不清楚。在上皮细胞中，小GTPases和肌动蛋白聚合可能是介导病毒入胞的机制，而在单核细胞中则可能是由网格蛋白介导PCV2感染。病毒脱衣壳过程发生在内吞溶酶体低pH环境中。圆环病毒入核和复制机制目前尚不清楚（Misinzo等，2006）。

4.5 基因组编排与复制

PCV2病毒单股负义链基因组大小约1.7 kb。在病毒复制过程中可以检测到双链中间体。目前关于圆环病毒复制与转录的已知机制大多来源于对PCV1的研究结果，鉴于PCV1与PCV2基因组编排高度相似，可以推测相关机制对于两个基因型的病毒可能均适用。此外，PCV1与PCV2病毒复制酶基因高度相似并且可以互换，置换了复制酶的嵌合病毒可以很好地复制并且可以成功感染猪（Fenaux等，2004）。PCV复制起点由一个茎环结构和两侧回文序列组成，位于两个特征明显的开放性阅读框ORF1和ORF2 的5′端之间。ORF1全长936 bp，顺时针方向编码病毒复制酶蛋白。ORF2全长702 bp（PCV2a和2b）或703 bp（PCV2d），逆时针方向编码衣壳蛋白（Mankertz等，1998）。PCV2和PCV1病毒ORF2基因序列同源性为60％～75％；不同PCV2亚型之间的ORF2基因序列同源性为85％～99％。一个较小的ORF3基因反向嵌合在ORF1序列当中（图4.3A）。

ORF1主要编码两个蛋白Rep和Rep′，Rep和Rep′结合到复制起始位点并启动病毒复制。基因组通过滚环熔炉机制（rolling circle melting pot mechanism）进行复制(Cheung 2004，Cheung 2007)，复制起始蛋白在复制起点聚集破坏其二级结构。Rep′蛋白被认为具有切割活性，可以切割DNA并使其产生缺口；REP蛋白则是一种可以解开超螺旋结构的解旋酶（图4.3B）。细胞DNA聚合酶在病毒基因组产生的游离3′羟基处启动复制，每一轮复制可以产生一个单链DNA基因组和一个双链DNA基因组。复制产生的基因组可以被衣壳蛋白包裹产生新的病毒粒子，或者作为模板DNA参与病毒的进一步复制过程。

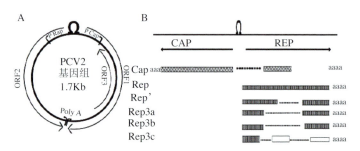

图4.3 A.PCV2病毒基因组编排与复制。单链DNA基因组模式图，基因组大小约1.7kb，P代表启动子Promoter。B.PCV2转录本。实线：基因组或开放式阅读框；散列条形图：编码片段；虚线：剪接片段

4.6 转录

即使PCV2病毒基因组比较小，早期研究显示其在复制过程中可以产生至少9种转录本（Cheung，2003，2012）。随着新一代测序技术的发展与应用，所发现PCV2病毒转录本数量增加了近一倍（Moldován等，2017）。rep和cap基因的启动子是驱动病毒基因转录的主要启动子，此外其他一些次要启动子也可发挥一定的转录驱动作用。cap和rep基因的poly（A）区域分别位于各自基因序列的3′端，方向相反。在rep基因的启动子区域含有一个干扰素刺激反应元件（interferon stimulating response element，ISRE），在病毒感染过程中响应宿主细胞因子刺激并调节rep基因表达（Ramamoorthy等，2009）。cap基因全长转录本长约990nt，并在转录以后发生剪切。其他几种编码或非编码rep基因转录本RNA也已经被发现。主要的rep基因编码转录本包括全长rep，以及剪接产物Rep′和Rep 3a、Rep 3b与Rep 3c。此外，在rep基因编码区内，可检测到其他称为NS0、ND515和NS672的非结构性剪接转录本。长非编码RNA(long noncoding RNAs）是一种长度在200 bp以上的RNA群体，在部分哺乳动物和病毒中越来越多地被发现和描述。虽然非编码RNA及相关长转录本存在的意义尚不清楚，新一代测序技术目前已经发现了来自于PCV1的两个非编码长转录本，长度分别为2 412 nt和994 nt（Moldován等，2017）。上述两个长非编码转录本分别被命名为Ctr和Ctr′（complex transcripts）。虽然目前我们对病毒基因表达的调控机制知之甚少，但是PCV转录本多以一种头对头或尾对尾的方式重叠排列，这可能提供了某种调控功能（图4.3B）。

　　PCV病毒rep和cap转录本可分别被翻译成长度为312个氨基酸和235个氨基酸的蛋白质。病毒感染过程中可产生rep和cap蛋白，用来自感染动物的抗血清在病毒培养物中可以检测到二者的存在。衣壳蛋白是介导PCV2疫苗免疫反应的必要和充分条件。ORF3蛋白被认为在PCV2毒力方面起作用，通过调节宿主细胞凋亡实现（Chaiyakul等，2010）。虽然早期关于ORF3转录本存在的预测和研究结果最近已经通过新一代测序技术所证实（Moldován等，2017），但是目前为止尚未在PCV2感染细胞或感染动物体内检测到ORF3蛋白的存在。

4.7　临床表现

　　PCV2感染相关的原发性疾病综合征最初被称为断奶仔猪多系统衰竭综合征（postweaning multisystemic wasting syndrome，PMWS），以衰竭、迅速消瘦和淋巴结病为主要特征（Allan等，1998）。随后，研究发现PCV2与猪的其他几种综合征也存在关联（Segalés等，2005）。对与PCV2相关的所有临床症状进行整合描述并命名，仍需要进一步达成国际共识。总的来说，在欧洲，"猪圆环病毒疾病"（porcine circovirus diseases，PCVDs）被用来表示PCV2感染后的临床特征。2006年10月，美国生猪兽医协会（American Association of Swine Veterinarians，AASV）提出另一个命名"猪圆环病毒相关疾病"（porcine circovirus associated diseases，PCVADs），并于2014年11月30日认证通过（http://www.aasp.org/aasv/position-PCVADhtm）。虽然研究焦点主要集中在系统性PCVAD，即PMWS，但PCV2感染也可以导致亚临床症状，PCV2同样被认为是导致如下疾病的潜在病原体：猪皮炎和肾病综合征（porcine dermatitis and nephropathy syndrome，PDNS）、猪复合性呼吸道疾病（porcine respiratory disease complex，PRDC）（Rosell等，2000）、坏死性肺炎（necrotizing pneumonia，PNP）（Drolet等，2003））、小肠炎（enteritis）（Kim等，2004）、繁殖障碍（reproductive failure）（Madson等，2009；Madson和Opriessnig，2011）、神经疾病（neuropathy）（Stevenson等，2001）。

4.8　亚临床感染

　　鉴于在无系统性PCVAD临床表现情况下的PCV2血清学高检出率（Segalés等，2005），甚至在PMWS被表述之前的回顾性样本研究中也有PCV2检出（Jacobsen等，2009），这显示出PCV2亚临床感染普遍存在。由于在流行病学研究中PCV2检出率高而临床症状出现率较低，PCVAD诊断需要同时满足三个标准：一定的临床表现、特征性镜检病变、病理组织检测为PCV2阳性（Segalés和Domingo，2002）。PCV2亚临床感染对猪只健康的影响目前尚不清楚。有研究提出，PCV2亚临床感染可以降低疫苗免疫保护效力（Opriessnig等，2006），但是目前尚无确切数据对此进行证实。在PCV2亚临床感染动物体内，未发现猪伪狂犬疫苗免疫过后免疫效果降低，证明PCV2慢性感染并不会干扰猪的正常免疫应答能力（Díaz等，2012）。

4.9 系统性猪圆环病毒相关疾病（systemic porcine circovirus-associated diseases，S-PCVAD）

PCVAD或PMWS是最早被阐述和认定的PCV2感染表现之一（Ellis等，1998）。这种PCV2感染导致的临床表现主要影响5～16周龄仔猪（Gillespie等，2009），可能主要是由于该年龄段仔猪体内母源抗体水平下降所导致（McKeown等，2005）。发病率4%～60%，死亡率4%～20%，发病率和死亡率主要取决于养殖场类型、饲养水平和混合感染等因素。发生S-PCVAD的动物会出现体重下降、皮肤苍白或黄疸、淋巴结肿大、呼吸困难和腹泻等症状。此外，咳嗽、发热和猝死等症状也时有发生，但相对而言较不常见。剖检病理变化通常包括浅表淋巴结肿大、肺实变、胃溃疡、结肠水肿和肾白斑（Allan等，1999；Rosell等，1999；Segalés等，2004）（图4.4）。淋巴结病变表现为明显的滤泡间区和副皮质区萎缩，这主要与组织细胞和多核巨噬细胞浸润有关。在大多数淋巴组织中均可以看到明显的由肉芽肿炎症所导致的淋巴样衰竭，包括Peyer氏结、脾脏、胸腺和扁桃体（Segalés等，2004）。在肉芽肿病变组织细胞中可见胞质内嗜碱性葡萄样包涵体（Rosell等，1999）。PCV2感染组织中的淋巴衰竭程度可能与病毒载量具有关联性（Darwich等，2002）。PCV2感染所导致的淋巴衰竭可以导致淋巴细胞减少，特别是外周血CD8$^+$T细胞、CD4$^+$CD8$^+$T细胞和B淋巴细胞（Shibahara等，2000；Darwich等，2002）。其他类型组织病变包括多灶点或合并性淋巴浆细胞浸润导致间质性肾炎、肝门炎症、间质性肺炎（Rosell等，1999）。在PCV2慢性感染猪的组织内，可以通过免疫组化（immunohistochemistry，IHC）或原位杂交（in situ hybridization，IHS）方式检测病毒抗原或核酸（Darwich等，2004；Opriessnig等，2007）。S-PCVAD的最终确诊，需要发病猪在具备典型临床症状的同时，检测出上述组织变化和淋巴结出现明显肿大。

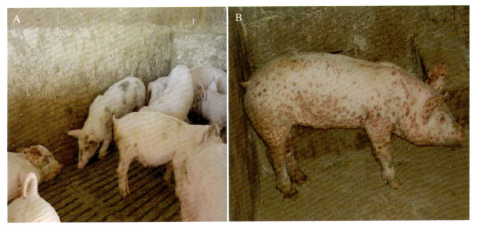

图4.4　A.发病猪出现典型的S-PCVAD（PMWS）症状，特征为体重下降和消瘦（拉普拉塔大学兽医学院）；B.发病猪表现为明显的猪皮炎和肾病综合征症状（爱荷华州立大学兽医诊断实验室）

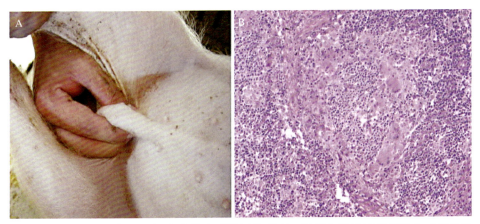

图4.5　A.S-PCVAD（PMWS）发病猪出现淋巴结病变。腹股沟淋巴结明显肿大（拉普拉塔大学兽医学院）；B.显微镜下检测显示淋巴组织出现明显的肉芽肿和淋巴结炎症。组织细胞和多核巨噬细胞浸润导致淋巴衰竭（拉普拉塔大学兽医学院）

　　S-PCVAD或PMWS被认为是一种由多种因素导致的疾病，与PCV2的高复制水平相关。然而，宏观基因组学研究显示，PCV2在PMWS发病猪体内和健康猪体内同样存在，并且PCV2与多种DNA病毒或RNA病毒存在混合感染（Blomström等，2009，2016）。然而，PMWS发病猪体内的PCV2病毒载量或可检测到的病毒基因成分要高于健康猪，这支持了高病毒载量是诱发临床症状的必要条件这一观点（Blomström等，2016）。

4.10 猪皮炎和肾病综合征（porcine dermatitis and nephropathy syndrome，PDNS）

PDNS主要影响生长猪和育肥猪，同时对成年猪也具有一定的影响。PDNS流行率为1%～2%，但发病动物死亡率较高，3月龄以上的猪死亡率高达100%，生长猪死亡率为40%～50%（Segalés等，1998）。PDNS临床症状没有明显特异性：厌食、体重下降、精神沉郁、体温正常或低热。临床发病体征表现为猪后肢和会阴区域出现红色至紫色的斑点和丘疹。随着疾病的发展，皮肤病变逐渐成为暗红色环状凹陷，表面覆盖有结痂，存活猪的皮肤症状将在2～3周内消失，皮肤留有疤痕（Drolet等，1999）。肾脏往往肿大并伴有肾皮质点状出血。其他的重要病变还包括发病猪出现严重皮下水肿、淋巴结肿大和出血。组织学病变特征为全身性坏死性血管炎、坏死性肾小球炎、间质性肾炎，偶见肾小管蛋白质沉积（Wellenberg等，2004）。在慢性感染动物体内也可见肾小球硬化、肾间质萎缩和肾小管萎缩。皮肤病变特征为表皮和真皮坏死，并伴有血管坏死、血栓和淋巴细胞浸润型血管炎（Drolet等，1999）。

虽然PDNS的发病机制目前尚未完全研究清楚，但其中PCV2似乎是导致PDNS的必要但不充分条件（Rosell等，2000）。此外，目前已经证实PCV2病毒载量不是导致PDNS症状严重程度的决定性因素。以往研究显示，患有PDNS或轻度S-PCVAD的动物其体内PCV2病毒载量没有明显差异（Olvera等，2004）。患病动物的病变血管或肾小球内存在免疫球蛋白和补体因子，这提示发生了典型的Ⅲ型超敏反应。观察发现PDNS患病动物肾脏中IgG1、IgG2和IgM，以及补体因子C1q和C3水平升高，CD8T淋巴细胞数量增多（Wellenberg等，2004）。多种与PCV2存在混合感染的病原被认为是导致PDNS的致病因子。在自然感染的动物中，检测到PCV2和PRRSV混合感染并且已经从受感染组织中成功分离出病毒（Choi和Chae 2001）。与PCV2存在混合感染的许多其他病原体也已经从PDNS患病动物体内分离出来，如猪葡萄球菌、胸膜肺炎放线菌、假单胞菌和多杀性巴氏杆菌等（TTomson等，2001；Lainson等，2002）。因此，PCV2对于PDNS疾病发生的确切作用，目前仍存在一定争议。近期研究表明，在无PCV2感染情况下，PRRSV和细环病毒（Torque Teno Virus，TTV）混合感染病可以复制出类似PDNS的症状和病变（Krakowka等，2008）。Palinski等（2017）在PDNS肾脏病变中检测出新发现的PCV3病毒和PCV2病毒。综上所述，虽然大多数研究证据显示

PCV2是诱导PDNS发生的前提因素，但关于PCV2在PDNS发病机制中的具体作用目前还缺乏证据。

4.11 猪圆环病毒相关呼吸道疾病（respiratory porcine circovirus-associated disease，R-PCVAD）

复合性猪呼吸系统疾病（porcine respiratory diseases complex，PRDC）是一种由多种因素导致的呼吸道疾病，8～22周龄仔猪多发（Opriessnig等，2007）。导致PRDC发生的病原体有多种，如PCV2、猪流感病毒(SIV)、PRRSV、猪伪狂犬病毒(PRV)、猪呼吸道冠状病毒(PRCV)、猪肺炎支原体、多杀性巴氏杆菌、猪链球菌和胸膜肺炎放线杆菌（Harms等，2002）。其中，PCV2发挥了重要致病作用。PCV2不仅是诱导PRDC发生的主要病原，而且可以导致继发感染（Kim等，2003）。PRRSV、猪肺炎支原体和PCV2也许仍然是PRDC的最重要病原，是观察到的野外最常见的混合感染病原。PRRSV可以增强PCV2的致病作用，提高患病动物血清中的病毒载量和组织中的抗原水平，并且这种致病增强作用没有PCV2基因型特异性（Rovira等，2002；Park等，2013；Chae，2016）。与猪肺炎支原体混合感染也会增强PCV2的致病作用和病毒血症。然而研究显示，与并发感染相比，继发感染所导致的肺部病变更为严重（Chae，2016）。临床症状表现为呼吸困难、咳嗽、嗜睡、厌食和发热。常见病理变化以间质性肺炎伴小叶间隔水肿和呼吸道水肿为主要特征。在R-PCVAD或S-PCVAD发病猪均有上述症状和病理变化的存在，表明这两种由PCV2引起的疾病在临床表现上存在重叠（Segalés，2012）。两种临床表现的区别主要基于组织学观察结果。R-PCVAD特征性病变为组织细胞性或肉芽肿性支气管间质性肺炎、支气管周围纤维增生和坏死性毛细支气管炎（Kim等，2003；Opriessnig等，2007），但无S-PCVAD中观察到的病理性淋巴样病变。通过免疫组化（IHC）和HIS可在间质巨噬细胞或毛细支气管固有层检测到PCV2病毒。PCV2与PRRSV、PRV以及较少发生的SIV混合感染情况下，可导致一种更为严重的增殖性坏死性肺炎(proliferative necrotizing pneumonia，PNP)（Drolet等，2003；Grau-Roma和Segalés，2007）。PNP组织学病变特征为肺泡坏死、2型肺细胞显著肥大增生，并伴有不同程度的淋巴细胞性间质性炎症（Drolet等，2003）。尽管大量报告表明S-PCVAD和R-PCVAD之间可能存在重叠（Harms等，2002；Segalés等，2005；Opriessnig等，2007），但近期研究结果显示这不是两个独立的病症，PCV2主要导致PRDC的产生，并与PCV2-SD的出现有关（Ticó等，2013）。

4.12 猪圆环病毒相关肠道疾病（enteric porcine circovirus associated disease，E-PCVAD）

16 ~ 22周龄猪发生肠道PCV2感染可以引起腹泻。临床症状没有特异性，与生长猪和育肥猪的其他类型肠道疾病难以区分。腹泻可导致生长迟缓和消瘦，肠道排泄物为黄色，可以发展成为深红色。发病率10% ~ 20%，死亡率为50% ~ 60%（Chae，2005）。对于E-PCVAD的诊断方式仍存在争议。虽然发病动物可能不存在系统性猪圆环病毒相关疾病（S-PCVAD）症状，并且其他类型组织中无PCV2检出，但是其胃肠道病变必须与肠道可检出PCV2相关联（Segalés，2012；Baró等，2015）。临床上发病动物出现腹泻症状时（Vincent等，2003），易于进行E-PCVAD诊断（Darwich等，2004）。标志性镜检病变存在于派尔集合淋巴结中，但在其他淋巴组织中没有发生相应病变（Kekarainen等，2010）。在病变组织中可能检测到PCV2抗原或DNA成分（Chae，2005）。病变特征主要为肠系膜淋巴结肿大和肠黏膜增生。E-PCVAD组织学病变为派尔集合淋巴结发生炎症和肉芽肿，其特征为淋巴细胞衰竭，大量巨噬细胞、组织细胞和偶见的多核巨细胞浸润并破坏淋巴滤泡结构。固有层和黏膜下层也可见巨噬细胞和多核巨细胞浸润与覆盖（Zlotowski等，2008）。在组织细胞和多核巨细胞胞浆中可见大量、葡萄串状、嗜碱性或中性包涵体（Kim等，2004；Chae，2005）。通过IHC和HIS，可在派尔集合淋巴结、黏膜下层和隐窝上皮中检测到PCV2抗原（Jensen等，2006；Opriessnig等，2007）。许多感染均观察到伴随PCV2的存在。PCV2与鼠伤寒沙门氏菌临床和试验混合感染（Kim等，2004；Opriessnig等，2011）、PCV2与胞内劳氏菌混合感染（Segalés等，2001；Jensen等，2006；Opriessnig等，2011）的临床特征和组织学病变已被广泛研究。

4.13 猪圆环病毒相关繁殖障碍疾病（reproductive failure porcine circovirus-associated disease，RF-PCVAD）

1999年，加拿大首次报道了PCV2相关猪繁殖障碍疾病（West等，1999）。自此以后，PCV2感染导致的自发性繁殖障碍已被广泛报道（Bogdan等，2001；O'Connor等，2001；Farnham等，2003；Kim等，2004；Brunborg等，2007）。此外，实验研究也显示出PCV2与繁殖障碍之间的关联特性（Johnson

等，2002；Mateusen，等，2004；Pensaert等，2004）。虽然来自加拿大的
S-PCVAD报道最早可以追溯至1991年，但是相应的回顾性研究未能证明
1955—1998年的流产胎儿组织中存在PCV2（Bogdan等，2001）。RF-PCVAD
的临床症状为流产，伴随木乃伊胎、死胎和弱胎的比例明显升高（West等，
1999；O'Connor等，2001）。然而，许多其他感染性和非感染性因素也可导致
上述临床症状的出现。感染性病原体PRRSV、猪细小病毒（PPV）、猪伪狂犬
病毒（PRV）和猪肠道病毒均可以导致几乎相同的临床症状出现。一些非感染
性因素也可以导致繁殖障碍，如霉菌毒素、环境应激或营养不良等。PCV2与
PPV（O'Connor等，2001；Ritzmann等，2005；Pescador等，2007）、PRRSV
（Farnham等，2003；Ritzmann等，2005）及PCV1（Pescador等，2007）混合
感染的报道也多有出现，但是这种混合感染的致病特征目前尚不清楚。PCV2
对妊娠母猪妊娠周期的影响没有特定选择性，但是在感染猪的妊娠早期已经可
以检测到PCV2抗原。因此，PCV2与妊娠早期死胎和母猪返情（im等，2004；
Mateusen等，2004）、妊娠中期导致流产和胎儿木乃伊化（Kim等，2004）、妊
娠后期分娩延迟，以及产死胎、弱胎、胎儿木乃伊化等（Ladekjaer-Mikkelsen
等，2001；O'Connor等，2001；Johnson等，2002）均有关联。死胎组织学病
变常见于心脏，以淋巴细胞浸润和偶尔纤维化为主要特征。心肌检测可检测
出PCV2抗原，其他组织如肝脏、肾脏和肺等也可检测到病毒抗原（West等，
1999；Bogdan等，2001）。研究人员为证实不同PCV2毒株感染与繁殖障碍之
间的关联性而做了大量研究。研究人员用RF-PCVAD、S-PCVAD和PDNS病例
中分离得到的PCV2污染精液并进行人工授精（Madson等，2009；Madson等，
2009），或者直接经宫内接种病毒（Meehan等，2001）进行胎儿感染实验，所
获得实验病例在病毒复制、组织变化和临床症状方面无明显差异。野猪可以感
染PCV2，并且可以通过精液排毒、散毒，致使精液成为病毒传播的重要来源
（Larochelle等，2000；Kim等，2001，2003）。

4.14 宿主免疫和免疫病理反应机制（host immunity and immunopathogenesis）

4.14.1 先天性非适应性免疫反应

先天非适应性免疫反应是宿主抵御感染的第一道免疫屏障，在新病原体
感染宿主机体时可以立即被激活。如果入侵病原在早期免疫反应过程中没有
被完全清除，宿主体内将启动适应性免疫程序。在PCV2感染早期，病毒与

单核细胞、巨噬细胞和树突状细胞(DCs) 之间具有密切相互作用（Darwich
等，2004）。在发病过程中观察到的免疫调节现象，可能是感染早期PCV2与
抗原递呈细胞(APCs) 相互作用的结果。研究发现，PCV2可以在树突状细胞
中持续存在，但是目前尚未证实病毒是否可以在树突状细胞内进行复制、失
去传染性或改变细胞活力。PCV2感染树突状细胞数天后仍可在细胞内检测
到病毒抗原，暗示着树突状细胞可能是介导PCV2感染和扩散的途径(Vincent
等，2003)，树突状细胞所携带的病毒成分可能是细胞吞噬或内吞活动的结果
(Steiner 等，2008；Kekarainen 等，2010)。至于其他类型淋巴细胞是否也可以
携带PCV2，目前尚缺乏确切证据。在其他类型淋巴细胞中可以检测到PCV2
抗原的瞬时存在，这可能是携带PCV2的树突状细胞与淋巴细胞之间相互作
用的结果(Carrasco 等，2004)。临床上感染猪体内未发现PCV2对宿主体液免
疫和细胞毒性T细胞免疫反应有损伤作用（Krakowka 等，2002；Nielsen 等，
2003；Steiner 等，2009))，这说明PCV2感染不影响树突状细胞对淋巴细胞的
免疫调节作用。

在PCV2阳性肺泡巨噬细胞(pulmonary alveolar macrophages，PAMs) 和
PCV2阳性单核细胞来源的巨噬细胞(monocyte-derived macrophages，MdM)
之间也观察到无感染性的内吞作用(Gilpin 等，2003)。然而，PCV2感染可
以影响这些细胞的细胞因子分泌功能。PCV2感染PAMs细胞可以上调IL-8
和TNF-α 的表达水平(Chang 等，2006)，这与巨噬细胞来源中性粒细胞
趋化因子-Ⅱ(AMCF-Ⅱ)、粒细胞定殖刺激因子(G-CSF)、单核细胞趋化蛋
白-1(MCP-1) 等细胞因子mRNA水平的上调有关(Chang 等，2006，2008)。
在脾脏淋巴细胞中，PCV2感染可以下调IL-4和IL-2的表达水平(Darwich 等，
2003a)，并上调IL-12的表达水平(Duan 等，2014)。PCV2感染还可以下调次
级淋巴组织中IFN-γ 、IL-2、IL-4和IL-12的表达(Darwich 等，2003b)。PCV2
感染PBMC之后可以调节促炎细胞因子的表达。对PCV2感染动物体内分离
得到的PBMC进行研究显示，IFN-γ 和IL-2的表达能力受损（Kekarainen 等，
2008)，然而促炎细胞因子IL-1β 和IL-8的表达能力增强(Darwich 等，2003a)。
综上所述，PCV2可以与宿主体内抗原递呈细胞相互作用并调节免疫反应，并
且病毒在细胞内不进行复制活动。

此外，PCV2感染调节细胞因子表达谱，这是临床上促使疾病发生发展的
重要因素。PCVAD患病动物的组织和PBMC中常见IL-10升高现象（Darwich
等，2003a、b；Kekarainen 等，2008；Crisci 等，2010；Doster 等，2010)。 多
种淋巴组织的T细胞富集区域常见IL-10 mRNA过表达现象和产生细胞因子，
偶见于B细胞和巨噬细胞富集区域(Dosteretal.，2010)。有趣的是，Cap或Rep

蛋白不能刺激IL-10过表达，而PCV2全病毒是刺激IL-10过表达的必要条件（Criscietal.，2010）。体内研究表明，PCV2亚临床感染动物血清中IL-10的瞬时升高与病毒血症期相关（Darwichetal.，2008）。

4.14.2　适应性免疫反应

4.14.2.1　细胞免疫

目前关于PCV2亚临床感染动物的细胞免疫应答的研究相对较少。IFN-γ分泌细胞（IFN-γ-SC）是研究PCV2亚临床感染动物细胞免疫应答的主要焦点。对剖宫产所得初乳断食猪(CD-CD) 进行研究表明，病毒血症高峰期过后，血清病毒载量降低与PCV2特异性IFN-γ分泌细胞增加相关（Fortetal，2009）。上述研究支持了除病毒中和作用以外，IFN-γ-SC对于病毒清除也具有重要贡献这一推论 （Fort等，2007）。此外，CD4⁺和CD8⁺T淋巴细胞对于特异性IFN-γ-SC的出现可能具有重要促进作用。相应T淋巴细胞亚群的衰竭会抑制特异性IFN-γ-SC的产生(Steiner 等，2009)。淋巴细胞衰竭和组织细胞浸润是临床上PCV2感染动物体内发生的主要细胞反应。

细胞免疫反应在临床症状表现中所发挥的作用还不完全清楚。但是临床上患病动物体内淋巴细胞衰竭表明，导致淋巴细胞减少是PCV2的主要致病机制。PCV2高病毒载量会导致病毒中和反应和T细胞反应损伤 （Krakowka等，2002；Nielsen等，2003；Meerts等，2006）。而且，在临床上被感染猪只的外周血单核细胞中可以看到IFN-γmRNA上调现象，这表明IFN-γ分泌细胞在清除病毒的过程中发挥重要作用。与此相类似，猪在接种疫苗之后，主要诱导产生PCV2特异性 IFN-γ分泌细胞 （Fort等，2010；Fort等，2012）。

4.14.2.2　体液免疫

在感染动物体内，PCV2衣壳蛋白和复制酶蛋白均可引起抗体反应。对ORF1抗体反应的机制还没有详细研究报道，但PCV1和PCV2的ORF1之间存在交叉反应已经被证实，其原因是猪圆环病毒复制酶蛋白的高度保守性。由ORF1产生的抗体在免疫反应中看起来没有发挥重要作用，因为仅含有衣壳蛋白成分的亚单位疫苗在防治PCV2时就非常有效。但是，ORF2特异性抗体与PCV2防治效果具有很强的相关性 （Kekarainen等，2010）。在猪感染PCV2后的7～10d内，可以检测到针对PCV2衣壳蛋白的抗体反应。但是，直到感染后的14～28d，均没有发现抗体中和反应 （Pogranichnyy等，2000）。在一些感染猪体中，尽管抗体水平较高，但是临床上仍然会出现PCVAD （Fort等，2007）。并不是所有针对PCV2衣壳蛋白的单克隆抗体都具有中和反应能力，这表明衣壳蛋白同时具有抗原结构表位、中和抗原表位和非中和抗原表位

(Lekcharoensuk 等，2004；Constans 等，2015)。在PCV2衣壳蛋白中发现4个主要的免疫原性区域和几个抗原线性及结构表位(Constans 等，2015)。PCV2衣壳蛋白晶体结构解析进一步揭示了参与抗体反应的抗原表位(Khayat 等，2011)。最近发现了一个包含169 ~ 180个氨基酸位点的线性诱饵抗原表位，相关研究进一步解释了PCV2感染会出现延迟性抗体保护反应的原因(Trible 等，2012)。但是，在进行抗体检测或血清学检测时，往往不能通过单克隆抗体或者抗原表位对PCV2毒株进行区分。感染猪体内产生的多克隆抗体对目前所有已知的PCV2毒株都具有很好的交叉反应能力，这表明不同毒株之间具有血清学交叉反应和保护反应。因此，针对PCV2特异性抗体介导保护性免疫反应的具体机制尚未完全研究清楚。在自然感染和接种疫苗的猪体内均可以产生很强的抗体免疫反应，对保护猪抵抗PCV2发挥了重要作用（Afghah 等，2017)。

4.14.3 PCV2引起的免疫抑制

目前已知猪圆环病毒感染期间，PCV2可以破坏淋巴组织，导致淋巴细胞衰竭，诱发肉芽肿性炎症，并产生一系列免疫抑制反应（Rosell 等，1999；Segalés 和Domingo，2002；Ramamoorthy 和Meng，2009)。上述组织学变化通常与被感染淋巴组织中的PCV2高核酸水平有关。包括B细胞、NK细胞、γδ T细胞、CD4$^+$和 CD8$^+$ T淋巴细胞，以及滤泡树突细胞在内，多种类型的淋巴细胞均会受损（Darwich 等，2002；Darwich 和Mateu，2012)。虽然淋巴结中的B淋巴细胞和T淋巴细胞受损最为严重，但在这些淋巴细胞中很少检测到PCV2核酸和抗原成分（Chianini 等，2003)，而巨噬细胞和抗原递呈细胞的核内和胞浆内PCV2检出率较高（McNeilly 等，1996)。但是，有研究表明，PCV2进入树突状细胞、巨噬细胞和单核细胞后并没有进行病毒复制；该研究同时发现，细胞内的PCV2仍然具有感染性，但并没有导致细胞死亡（Gilpin 等，2003；Vincent 等，2003)。对PCV2感染的树突状细胞和淋巴细胞进行共同培养，经观察和检测没有发现病毒复制和细胞死亡。据此可以推测，PCV2感染抗原递呈细胞和所导致感染细胞功能的变化，在病毒逃避免疫反应过程中发挥着一定作用（Vincent 等，2003)。免疫抑制作用也与感染动物体内淋巴细胞的减少有关，主要是CD8$^+$ 和CD4$^+$ CD8$^+$淋巴细胞亚群的减少（Darwich 等，2002)。PCV2出现在淋巴细胞的具体作用目前仍不清楚，一些研究认为可能会导致骨髓减少、继发性淋巴组织增殖能力减弱、诱导细胞凋亡等（Shibahara 等，2000；Resendes 等，2004；Opriessnig 等，2007)。根据体外试验和小鼠模型试验结果推测，PCV2 ORF3 导致了淋巴细胞凋亡（Liu 等，

2006，2007）。PCV2感染淋巴细胞后，几个关键的可诱导细胞凋亡的因子水平均被明显上调。在体外PK-15细胞实验中，p53表达量上升，导致细胞凋亡（Liu等，2007）。在PK-15细胞和淋巴细胞中，PCV2 ORF3也会诱导产生NF-κB，导致细胞凋亡（Choi等，2015），在PCV2-PRRSV共感染模型中，Fas/Fas配体活性升高。但是，PCV2在细胞凋亡中所发挥的作用仍然有一定争议，因为其他研究显示，细胞凋亡率与淋巴组织中的PCV2含量呈负相关（Resendes等，2004）。试验中感染ORF3缺失型毒株的猪与感染PCV2野生型毒株的猪在组织学淋巴损伤方面没有差异（Juhan等，2010）。另外一种理论认为，淋巴损伤是因为细胞增殖受到抑制，而不是因为细胞凋亡（Mandrioli等，2004）。而且，PCV2可以干扰B淋巴细胞生长因子、IL-4，以及T细胞、巨噬细胞激活因子IL-2等的分泌(Darwich等，2003b)，因此可能影响淋巴细胞增殖和干扰素活性，同时PCV2感染可以促进炎性细胞因子IL-1和IL-8的分泌（Vincent等，2007）。虽然PCV2不在树突状细胞中进行复制（Vincent等，2003），但却会影响浆液性树突状细胞（pDCs）的功能（Vincent等，2005）。PCV2感染对IFN-α的转录和MyD88、IRF7、IRF3的活性没有明显影响（Chen等，2016），但病毒DNA，而不是病毒的复制，足以抑制pDCs细胞中TNF-α、IFN-α、IL-12和IL-6的产生（Vincent等，2007）。PCV2感染在PBMCs和PAMs中对IL-10分泌的强上调，可能会导致Th1细胞抑制（Doster等，2010；Du等，2016）。PCV2-PRRSV体外共感染模型试验发现T-reg细胞活性上升，这可能与IFN-β而不是IL-10的大量产生有关（Cecere等，2012；Richmond等，2015）。在PCV2-PRRSV体外共感染模型中还发现，许多负调节因子mRNA的表达与Toll样受体呈负相关（Dong等，2015）。

在猪圆环病毒相关疾病（S-PCVAD）中，PCV2可以导致免疫抑制已被广泛证明，PCV2是导致猪圆环病毒相关疾病发生的必要但不充分条件。试验研究显示，单纯PCV2毒株感染并不会引发S-PCVAD，因此，PCV2可能需要辅助因子的帮助才能引发S-PCVAD，甚至通过类固醇诱导免疫抑制来模拟PCV2感染也未成功导致实验猪患病。试验研究表明，断奶仔猪多系统消耗综合征（PMWS）与PCV2和多种病原如肺炎支原体、多杀性巴氏杆菌、胞内劳森菌、沙门氏菌、PRRSV、PPV、SIV、PSR、PEDV、TTV、猪博卡病毒等的混合感染呈高度相关（Blomström等，2009，2016）。多种细菌和病毒的混合感染模型已用来复制猪圆环病毒相关疾病，这其中最有效和最广泛使用的感染模型可能是PCV2-PPV模型，该模型的成功不仅有赖于免疫抑制作用，也有赖于前文所述的免疫调节作用(Krakowka等，2001；Gillespie等，2009；Opriessnig和Halbur，2012）。猪场中很容易出现多种病原体的混合感染，其中破坏性最强的是PCV2-PRRSV混合感染，可以导致严重的呼吸系统疾病，发病猪的死亡率很高。

4.15 临床诊断

4.15.1 病毒的直接检测

由于临床表现形式多样，直接诊断PCV2较为复杂，而且PCV2病毒在大部分猪场存在广泛流行现象。因此，诊断PCV2病毒必须在结合临床表现的基础上，用实验室检测方法来进行确诊。当前，多种检测技术可用于PCV2诊断，大部分实验室诊断使用的直接检测方法包括PCR、RFLP、qPCR、原位杂交和免疫组化等（Rosell等，1999；Kim等，2009）。目前常规PCR和RFLP仍被用于PCV2病毒亚型鉴定。当前用于组织和体液中病毒含量测定的常见方法为Green染料法和TaqMan探针qPCR。此外，病毒测序技术已被用于分子流行病学研究和病毒变异亚型鉴定。Sanger测序法是以往常用的传统测序技术，目前这种传统方法已被新一代测序技术（NGS）所替代，因为NGS用时短，而且结果更准确，NGS最大的优势为可以同时分离检测出多种病原体的核酸，进而判定混合感染的类型。原位杂交技术（ISH）可以用来判定PCV2和细胞组织损伤之间的关系。现有的各种原位杂交技术，大部分是针对PCV2-ORF2进行检测。特定的核苷酸探针也可以用来鉴别区分不同的PCV2亚型(Khaiseb等，2011)。免疫组化（IHC）方法通常是根据PCV2-ORF2产生的单克隆抗体来进行病原检测，但这种方法不能对病毒亚型进行区分。虽然用来检测组织中PCV2的免疫荧光方法已经被ISH或IHC所代替，但免疫荧光方法仍然是进行PCV2原位检测的一种实用可靠手段。

4.15.2 血清学诊断

ELISA抗体检测方法已广泛用于测定PCV2病毒或疫苗导致的免疫水平变化。商品化ELISA试剂盒主要分为间接法和阻断法两种类型。杆状病毒中表达的ORF2、完整的病毒颗粒、重组ORF2蛋白和人工合成肽用作ELISA的捕获抗原。其他类型的血清学检测包括Luminex微球检测法也在使用，同时检测多种病原的抗体，使这种检测方法成为检测PCV2混合感染的理想工具（Lin等，2011）。这些检测方法均可以检测出猪自然感染PCV2病毒后所产生的抗体，但是目前还没有手段可以区分PCV2疫苗诱导产生的抗体。

猪系统性圆环病毒相关疾病（S-PCVAD）可能是临床上最难准确诊断的疾病之一，通过PCR检测和PCV2抗体检测理论上可以判定猪只或养猪场中是否有S-PCVAD流行。但是，判定S-PCVAD不仅要靠实验室数据，还需要临床症状观察。在SI-PCVAD临床表现中，特征性淋巴损伤很小或没有，通过ISH、FISH和IHC方法对淋巴组织中的病毒含量进行测定，病毒检出量往往很低甚至没有检出。目前没有明确的通过病毒载量来判定S-PCVAD的统一标准，但一些研究证实，在没有明显临床症状出现时，血清中病毒基因拷贝数达到$10^5 \sim 10^6$/mL，可以判定为SI-PCVAD（Olvera等，2004）。

临床上诊断S-PCVAD需要满足3个基本标准：①临床上出现生长迟缓，伴有呼吸困难，淋巴结肿大，有时也伴有黄疸（非抗生素治疗导致），预示着S-PCVAD；②需要出现淋巴细胞数量减少、淋巴组织细胞肉芽肿性淋巴结炎，偶尔出现多核巨细胞和出现葡萄状包涵体的典型组织病变；③需要通过IHC或ISH方式证实PCV2病毒的存在（Segalés等，2005）。

群体诊断需要根据流行病学和临床数据，阳性S-PCVAD猪群的定义已被提出，包括断奶仔猪死亡率高明显增高和出现S-PCVAD特征性临床症状。关于猪群死亡率，要结合猪场过往的生产情况进行综合评估，通常至少要在2个连续生产周期内，与历史生产数据相对比出现2个标准偏差的增加，可以认定为死亡率显著提高，而且猪群内至少有1/5的动物满足所有个体诊断标准（Grau-Roma等，2011）。因为PCV2感染可以导致动物免疫抑制，感染动物易于出现继发和并发感染，因此在诊断猪群是否感染S-PCVAD时，要排除掉潜在其他病原体的干扰（Opriessnig和Halbur，2012）。

诊断猪皮炎和肾病综合征（PDNS）不一定要靠病原学分析，但需要观察猪只外观形态变化和临床症状表现。因此，形态学诊断包括出现可引起组织坏死和血红素皮炎的斑疹，出现在后蹄、阴部和腹部等位置的皮肤损伤，伴有皮质瘀血点的肾肿大、肿大出血的淋巴结等均是显著的临床诊断特征。组织学损伤特征是严重的坏死性血管炎和纤维蛋白性肾小球肾炎。康复猪可能也会出现慢性间质性和增殖性肾炎（Segalés等，2005）。因此，由于PDNS所造成的损伤是慢性和长期性的，因此很少对其进行原位PCV2抗原或核酸检测。由于缺少特异性病原学检测方法，因此需要通过完整的鉴别诊断来排除掉其他导致类似损伤的病原，如猪瘟和非洲猪瘟，这两种猪病在大部分国家一旦发现，均需上报相关动物防疫机构。需要与PDNS作区分的其他常见疾病有全身性沙门氏菌病、猪丹毒丝菌病、猪放线杆菌病等（Drolet等，1999）。在血清中可检测到高水平的脲和肌氨酸酐，预示着肾衰。

PCV2相关繁殖障碍(PCV2-RD) 需根据临床表现和胚胎组织检出PCV2来进行诊断。与历史生产数据相对比，如果流产、死胎、僵猪出现率显著上升，表明猪场可能已经出现PCV2-RD流行（Madson和Opriessnig，2011），建议送检一组胎儿用于实验室诊断。组织学上出现淋巴浆细胞性和坏死性心肌炎不能作出确诊，但可以作为已感染PCV2的信号，为确认是否存在病毒，推荐采用ISH或IHC方法检测心肌组织（West等，1999；Gillespie等，2009）。一些研究表明，组织中的病毒载量和胚胎受损程度呈正相关（Brunborg等，2007）。虽然血清学检测无法验证子宫内是否已发生PCV2感染，但检测母猪和后备母猪的血清有助于确定前期感染情况，母猪和后备母猪血清病毒载量和PCV2-RD呈正相关。多种常见病原体均可以导致母猪繁殖障碍，在确诊PCV2-RD时，要排除掉其他繁殖障碍病原（包括PRRSV、PRV）和系统性繁殖障碍病因。

诊断猪PCV2相关呼吸系统疾病（R-PCVAD）需要包含在对典型猪呼吸道综合征（PRDC）的诊断评估中。出现组织细胞性间质性肺炎需要通过ISH或IHC对病毒进行检测，而且对其他可能导致PRDC的病原体也要进行检测（Ticó等，2013）。PCVAD肠道型的确诊，需要根据生长猪和育肥猪的腹泻情况、派尔氏淋巴结肉芽肿性炎症和淋巴细胞损伤情况，以及IHC或ISH检测PCV2的结果而定，而且这些临床症状要与S-PCVAD无关（Kim等，2004；Opriessnig等，2011；Segalés，2012；Baró等，2015）。

4.16 预防与控制

4.16.1 疫苗

2006年以来，美国和欧洲市场上的商品化PCV2疫苗都具有良好的免疫效果，PCV2衣壳蛋白对于临床上预防PCVAD是必需和足够的。绝大部分疫苗都用PCV2衣壳蛋白的亚单位或者灭活的PCV1-2病毒颗粒制备（Afghah等，2017）。有研究表明，使用PCV2疫苗后育肥猪日增重可以增加22g（Alarcon等，2013），每头猪的饲养成本可以降低6美元（Gillespie，2006）。而且，PCV2疫苗在减少由PRRSV或SIV等导致的混合感染中效果也很好（Chae，2016）。目前所有的PCV2商品化疫苗均含有PCV2a衣壳蛋白，但研究表明这类疫苗对于新出现的PCV2b和PCV2d毒株也具有很好的免疫保护效果（Ssemadaali等，2015）。尽管目前在PCV2研究领域已经取得了许多强有力的研究成果，但是PCV2持续在野外进化，新的毒株也时有出现，这表明现有疫苗产生的保护阈值足以保护避免临床症状的出现，但无法阻止病毒的传播和通过基因重组或突变而进行的变异和进化（Ssemadaali等，2015）。

目前推荐的PCV2免疫方法是在仔猪出生后3～6周或母猪产前2～3周接种1～2次。出生3～6周的仔猪体内可能还有较高水平的母源抗体，这种情况下接种PCV2疫苗是有效的。抗体中和反应对疫苗的免疫保护效果十分关键，在含有高水平母源抗体的仔猪体内，疫苗接种后8 ～ 10周才会诱导产生明显的抗体反应(Dvorak等，2017)。因此，细胞介导的免疫反应至少在疫苗接种后的早期发挥着一定的免疫保护作用（Tassis等，2017）。现在研究人员也在尝试改进PCV2疫苗，包括开发口服疫苗、加入变异病毒亚型衣壳蛋白、研制可以与自然感染毒株相区分的标记疫苗等（Beach等，2010，2011）。

4.16.2 生物安全

尽管采用PCV2疫苗对猪群进行程序性免疫具有不错的免疫效果，但是生物安全举措在预防S-PCVAD的传入、传播和发生中仍然发挥着关键作用。为降低S-PCVAD导致的死亡率，典型的管理措施包括环境管理措施，如温度、气流和湿度的控制。采用全进全出养殖模式可以防止不同批次猪的混群，减少交叉感染；有条件的用物理围栏限制猪群之间的接触，可以有效降低S-PCVAD导致的死亡率（Madec等，2000）。在断奶时根据年龄和性别进行分类对临床症状的产生有一定影响，21日龄以后断奶和实施公母分群饲养有助于降低S-PCVAD发生的风险。未对新引进的后备母猪、母猪和公猪进行PCV2筛查，会增加PCV2传播的风险。目前，PCV2病毒是否可以通过精液传播、交配传播尚无定论。虽然具有PCV2抗病作用的猪只遗传基因研究仍不清楚，但是一些特定的遗传系或猪群对病毒感染显示出很强的抗性，没有表现出明显的临床症状（Opriessnig等，2006），因此，科学管理遗传谱系是防控临床PCVAD的重要环节。PCV2与其他相关病原体的并发感染，是导致S-PCVAD的主要原因之一，临床和试验数据均表明，与PCV2混合感染的PRRSV、PPV和猪肺炎支原体等会使感染猪体重严重下降（Rovira等，2002）。PCV2疫苗接种可以降低并发感染的严重程度，但混合感染可以降低疫苗的免疫效果还有待证明。因此，在生猪饲养中，如何将生物安全防控和免疫措施有机结合，对于成功防治临床PCVAD十分重要。

参考文献

5 猪流行性腹泻病毒

Porcine Epidemic Diarrhoea Virus

Changhee Lee*

翻译：刘平黄；审校：张鹤晓 封文海

Animal Virology Laboratory, School of Life Sciences, Kyungpook National University, Daegu, Republic of Korea.

*Correspondence: changhee@knu.ac.kr

https://doi.org/10.21775/9781910190913.05

5.1 摘要

20世纪70年代初期在欧洲发现的一种新型的猪肠道疾病被称为"流行性腹泻"，现在被称为"猪流行性腹泻（PED)"。在70年代后期，一种被称为PED病毒（PEDV）的新冠状病毒被确定为该病的病原体。此后，PEDV一直困扰着欧洲和亚洲。然而，最为严重、对经济影响最大的疫情却在亚洲最大的养猪国家中暴发。PED于2013年初首次出现在美国，对养猪业造成了空前的破坏，并进一步扩散到加拿大和墨西哥及南美国家。此后，在韩国、日本，以及中国台湾地区迅速暴发了大规模的PED疫情。因此，这些最近的全球出现和再发的PED需要紧急关注，并且需要对PEDV的分子生物学和致病机制有更深入而具体的了解，以开发有效的疫苗和制订控制策略。本章强调基础研究、应用研究和转化研究的重要性，并鼓励猪生产者、研究人员和兽医之间的合作，以提供答案，改进我们对PEDV的认知，从而努力预防和消除这种具有经济影响的病毒性疾病，以及为将来的PED流行或大流行做准备。

5.2 PEDV历史（从流行病到大流行）

1971年，英国兽医报道了在生长和育肥猪中出现的一种以前未认知的肠道综合征，其特征是急性水样腹泻（Oldham，1972）。这种新型肠炎的典型临床症状与猪传染性胃肠炎病毒（TGEV）感染的症状几乎相同，随后将该综合征命名为TGE2。但是，在后一种情况下（TGEV），新生仔猪不受影响。因此，这种神秘性肠道疾病的名称被更改为"流行性腹泻（ED）"。随后，ED暴发蔓延到欧洲大陆的多个养猪国。5年后，类似TGE的ED在英国重新出现，并传播到欧洲大陆。但是，它似乎发生了变化。它与ED的不同之处在于，这种新的腹泻综合征已发生在所有年龄的猪中，包括新生仔猪和哺乳仔猪。因此，1976年的ED被归为ED 2型，以区别于最初的ED 1型（Wood，1977；Chasey和Cartwright，1978）。1978年，比利时根特大学的研究人员在ED病因学上取得了突破，成为第一个实现科赫假设的研究小组，并描述分离到一种新的冠状病毒样病原作为致病病原，将其命名为CV777（于1977年7月分离）。此外，他们提供的证据表明，这种新型病毒与两种已知的猪冠状病毒-TGEV和血凝性脑脊髓炎病毒不同（Pensaert和de Bouck，1978；de Bouck和Pensaert，1980）。此后不久，ED2被重新命名为由PED病毒（PEDV）引起的"猪流行性腹泻（PED）"。该名称一直沿用至今。

欧洲在20世纪80年代和90年代，急性PED流行病明显减少，最近几年只有零星的暴发。在这些流行中，成年猪通常会出现与PEDV相关的腹泻，而乳猪则幸免或仅出现轻微症状（Saif等，2012）。1982年，PED在亚洲首次报道，此后对亚洲养猪业构成了巨大的经济威胁（Takahashi等，1983；Kweon等，1993；Chen等，2008；Puranaveja等，2009；Li等，2012）。与欧洲不同，亚洲的PED流行更为严重，在新生仔猪中造成很高的死亡率，该病经常转变为地方性流行。然而，尽管PED在亚洲猪肉生产国臭名昭著，但直到它袭击了美国之后，它才成为全球闻名的疾病。2013年5月，PED在美国突然暴发，并迅速蔓延到全国以及邻近国家。仅仅在美国，这一次暴发在1年的流行期间内导致800万新生仔猪死亡，造成年9亿～18亿美元的损失（Mole，2013；Stevenson等，2013；Vlasova等，2014；Ojkic等，2015；Langel等，2016）。美国的流行病毒进一步传播到东亚国家，造成全球性PED灾难（Lee和Lee，2014；Lin等，2014；Lee，2015；MAFF，2017）。PED现在已经或重新出现，成为世界范围内最致命、最具传染性的猪病毒性疾病之一，它对全球养猪业而言是一项重大的经济威胁。本章简要概述了PEDV的分子和细胞生物学、发病机制、诊断和流行病学，以及防止PEDV感染的控制措施。

5.3 PEDV分子生物学

5.3.1 PEDV基因组和病毒粒子结构

PEDV是一种大型、有囊膜的、单链、正向RNA病毒，属于冠状病毒科中α冠状病毒属，按照基因组组成、预测的蛋白质组学和复制方式的相似性，将其与其他三个亲缘相关病毒科动脉炎病毒科、杆状套罗尼病毒科和梅肿套病毒科列于尼多病毒目（Pensaert和de Bouck，1978；Cavanagh，1997；Gorbalenya等，2006；Saif等，2012）。PEDV基因组的长度约为28 kb，带有1个5′帽和1个3′聚腺苷酸尾，由7个典型冠状病毒基因组成，包括开放阅读框（ORF）3，按照保守排列顺序如下：5′非翻译区（UTR）-ORF1a-ORF1b-S-ORF3-E-M-N-3′ UTR（Kocherhans等，2001）。前两个大型ORF（ORF1a和1b）涵盖了基因组的5′-端三分之二，并编码非结构蛋白（NSPs）。ORF1a翻译产生复制酶多聚蛋白（pp）1a，而ORF1b由a-1核糖体移码（RFS）表达，C端将pp1a延伸到pp1ab中。这些pp1a和pp1ab通过病毒内部蛋白酶进行蛋白水解成熟，生成16个加工终产物，命名为非结构蛋白NSP1-16。基因组近3′-区域中的其余ORF编码4种典型的结构蛋白和1个辅助基因ORF3，它们分别从各自的亚基因组信使（sg）mRNA 3′-共端嵌套进行套式表达，每个以从全长正义链基因组RNA的不连续转录中产生的相应sg负义链RNA为模板转录。这4种结构蛋白包括150～220 kDa糖基化纤突（S）蛋白，20～30 kDa膜（M）蛋白，7 kDa囊膜（E）蛋白，58 kDa核衣壳（N）蛋白和一个辅助基因，ORF3（图5.1A）（Duarte等，1994；Kocherhans等，2001；Lai等，2007；Saif等，2012；Lee，2015）。

PEDV基因组被单个N蛋白包裹，形成一个长的螺旋结构，包裹在包含三个与表面相关的结构蛋白S、M和E的脂质囊膜中（图5.1B）。含有囊膜的病毒粒子大约是球形和多形的，直径范围为95～190 nm，包括隔开的棒状、S三聚突起，长度为18～23 nm（图5.1C）（Pensaert和de Bouck，1978；Lee，2015）。PEDV在蔗糖中的浮力密度为1.18 g / mL，在4～50℃时稳定。该病毒对乙醚和氯仿敏感，并且在pH小于4和大于9的情况下会完全失活（Hofmann和Wyler，1989）。因此，各种酸性或碱性化学消毒剂都可能破坏PEDV（Pospischil等，2002）。

5.3.2 PEDV结构蛋白

5.3.2.1 主要S糖蛋白

冠状病毒的S糖蛋白在功能上可以分为两个亚区S1和S2；前者包含一个较大的S膜外部分，并负责与宿主特异性受体结合；后者则包含其余的膜外部分，一个跨膜结构域和一个短的羧基末端胞质/病毒内部内结构域，似乎是参与病毒和细胞膜之间的直接融合（Lee，2015）。与其他冠状病毒S蛋白相似，PEDV S糖蛋白通过与其细胞受体相互作用介导病毒进入并在其天然宿主中诱导中和抗体，在感染中起关键作用（Jackwood 等，2001；Lai 等，2007；J. Lee 等，2010；Lee，2015）。而且，它与体外生长适应和体内致弱有关。S 基因的突变或插入/缺失已证实可改变病毒的致病性和组织/物种的嗜性（Sato 等，2011）。因此，PEDV S 糖蛋白是用于开发诊断检测和有效疫苗的合适靶病毒基因（Gerber 等，2014；Oh 等，2014）。

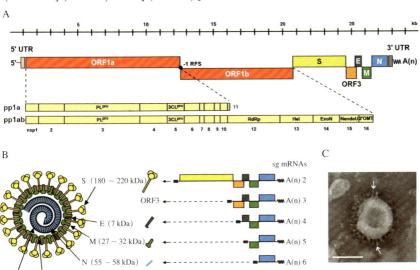

图5.1 PEDV 基因组和病毒粒子结构的示意图。A.PEDV 基因组 RNA 的结构。顶部显示大约 28 kb 的 5'-帽端和 3'-聚腺苷酸化的基因组。病毒基因组的两端是 UTRs，是多顺反子，带有复制酶 ORF 1a 和 1b，其后是编码囊膜蛋白、N 蛋白和辅助 ORF3 蛋白的基因。S，纤突蛋白；E，囊膜蛋白；M，膜蛋白；N，核衣壳。通过-1 编程的 RFS，ORF1a 和 1b 表达产生两种已知的多聚蛋白（pp1a 和 pp1ab）。这些多聚蛋白被共翻译或翻译后加工成至少 16 种不同的非结构蛋白，命名为 NSP1 ~ 16（底部）。PL^{pro}，木瓜蛋白酶样半胱氨酸蛋白酶；3CL^{pro}，3C 样半胱氨酸蛋白酶；RdRp，RNA 依赖性 RNA 聚合酶；Hel，解旋酶；ExoN，3'→5' 核酸外切酶；NendoU，尼多病毒尿嘧啶特异性内切核糖核酸酶；2'OMT，核糖-2'-O-甲基转移酶。B.PEDV 结构模型。PEDV 病毒体的结构在左侧显示。病毒体内部的 RNA 基因组与 N 蛋白结合形成一个长螺旋核糖核蛋白（RNP）复合物。病毒核心被包含 S、E 和 M 蛋白的脂蛋白囊膜包围。每个结构蛋白的预测分子大小在括号中表示。右侧还显示了一组相应的亚基因组信使 mRNA（sg mRNA；2 ~ 6），通过共同末端不连续转录方式专门表达了规范结构蛋白或非结构 ORF3 蛋白。改编自 Lee（2015）。C.PEDV 颗粒的电子显微照片，显示典型的冠状病毒形态。箭头指向病毒囊膜粒或纤突。标尺 = 100nm

大多数 PEDV 野外毒株的 S 基因由 4 161 个核苷酸（nt）组成，编码 1 386 个氨基酸（aa）残基，比典型 CV777 毒株的同源基因多 9nt（3 个氨基酸）。与 CV777 的序列相比，PEDV 流行毒株具有独特的遗传特征，即 S 插入-缺失（S INDEL），在第 55/56 和 135/136 位分别包含 2 个明显的 4 个氨基酸和 1 个氨基酸插入，并且具有唯一的在第160和161位缺失2个氨基酸（Lee等，2010）（图5.2）。尽管仅报道了一种PEDV血清型，但对S基因的系统发育分析表明，PEDV在遗传上分为2个基因组群，即基因组1（G1，经典和重组，低致病性）和基因组2（G2，野外流行或大流行，高致病性），进一步分为亚组1a和1b、2a和2b（图5.2）。G1a包含典型CV777，疫苗和其他适应细胞培养的毒

图5.2 基于全球PEDV株的spike基因核苷酸序列和S蛋白N端区域氨基酸序列比对的系统进化树。使用ClustalX进行多个序列比对，并使用基于距离的近邻连接方法比对的核苷酸序列构建系统进化树。每个分支上的数字表示引导值大于1 000个重复的50%。该图仅显示包含高变区的N端区域的氨基酸序列的对应比对（Lee等，2010），典型CV777毒株的氨基酸序列显示在顶部。PEDV的遗传亚组用不同的颜色表示：G1a（红色）、G1b（蓝色）、G2a（绿色）和G2b（紫色）。星号（∗）表示突变的序列。与典型CV777毒株相比，PEDV分离株中的插入和缺失（INDEL）用阴影表示。与CV777相比，星号（∗）、减号（－）和加号（＋）分别表示突变、缺失和插入的序列

株，而G1b包含新的变异体，这些新变异体首先在中国（Li等，2012），随后在美国（Wang等，2014）和韩国（Lee等，2014b），以及最近在欧洲国家发现（Hanke等，2015；Theuns等，2015；Grasland等，2015）。推测G1b株是由经典G1a和临床G2病毒之间的同源重组产生的。G2包含全球野外分离株，分为2a和2b亚组，分别是过去的亚洲区域流行，以及2013和2014年在美洲和亚洲大陆的大流行和目前疫情的毒株。考虑到这些遗传特性，S基因可能是测序的最合适基因位点，以便用来研究PEDV的遗传相关性和分子流行病学（Lee等，2010，2014a、b；Chen等，2014；Lee和Lee，2014）。

5.3.2.2 其他结构和物种特异性（辅助）蛋白

M蛋白是病毒囊膜中最丰富的组成部分，是组装过程所必需的，并且还可以诱导产生具有病毒中和活性的保护性抗体（de Hann等，2000；Zhang等，2012）。小囊膜E蛋白在冠状病毒出芽过程中起重要作用，E和M蛋白的共表达可形成无穗状冠状病毒样病毒体（Baudoux等，1998）。在内质网（ER）中发现了PEDV E和N蛋白，它们独立地诱导ER应激（Xu等，2013a、b）。N蛋白在冠状病毒学中的病毒复制和发病机制中具有多种功能（McBride等，2014）。通常，冠状病毒N蛋白与病毒基因组RNA相互作用并与其他N蛋白分子缔合以保护病毒基因组，这是冠状病毒装配过程中螺旋核衣壳的关键基础（McBride等，2014）。作为免疫逃避策略的一部分，PEDV N蛋白还通过拮抗干扰素的产生来干扰抗病毒应答，并激活NF-κB信号传导（Xu等，2013b；Ding等，2014）。ORF3的产物是PEDV特有的辅助蛋白，作为离子通道影响病毒的繁殖和毒力（Wang等，2012）。此外，减毒或活疫苗株ORF3区域存在大量基因缺失（Park等，2008；Wang等，2012）。不同的研究结果表明，ORF3能阻止全长传染性克隆中拯救的重组子代病毒产生，这种传染性克隆无ORF3起始密码子，表明有功能的ORF3在体外会对PEDV复制产生负调控（Jengarn等，2015）。然而，研究表明PEDV ORF3产物对于病毒在培养细胞中的复制是必不可少的，表明其在体外病毒繁殖中的功能被忽略了（Li等，2013；Lee等，2017）。尽管如此，在PEDV临床分离株中完整ORF3的保守性表明，ORF3蛋白在动物宿主的自然感染和发病机制中起着至关重要的作用。

5.4 PEDV细胞生物学

5.4.1 细胞嗜性

冠状病毒可感染多种哺乳动物，包括人类、蝙蝠和鲸鱼，以及鸟类，但它们通常具有有限的宿主范围，仅感染其特定的天然宿主。此外，冠状病毒对呼吸道和肠道的上皮细胞以及巨噬细胞表现出明显的嗜性（Woo等，2012；McVey等，2013；Reguera等，2014）。同样，PEDV显示出受限的组织嗜性，并在猪小肠绒毛上皮细胞或肠上皮细胞中有效复制。主要在小肠上皮细胞表面表达的猪氨肽酶N（pAPN）已被鉴定为PEDV的细胞受体（Li等，2007；Nam和Lee，2010）。PEDV纤突蛋白S1结构域的N端区域对于识别pAPN受体很重要（Lee等，2011）。然而，最近的研究报告称APN并非PEDV的功能性细胞受体，表明存在病毒进入所需的真实病毒受体（Shirato等，2016； Li等，2017）。此外，已经证明细胞表面硫酸乙酰肝素可作为PEDV的附着因子（Huan等，2015）。然而，PEDV进入首先要与pAPN或尚待鉴定的主要受体结合，再通过直接膜融合将病毒内化到靶细胞中，然后在脱膜后将病毒基因组释放到胞浆中以开始基因组复制（图5.3）。除了在天然宿主的主要靶细胞中复制外，PEDV还可以在从不同器官分离出的猪细胞或来自猪以外物种包括猴[如非洲绿猴肾细胞系（Vero和MARC-145）]、鸭、蝙蝠和人类的细胞中生长（Hofmann和Wyler，1988；Lawrence等，2014；Khatri，2015；Liu等，2015；Wang等，2016）。其中，Vero细胞通常被认为是最适合PEDV分离和繁殖的细胞。PEDV的实际细胞受体似乎在上述物种的进化上是保守的，其鉴定对于制订预防PEDV的控制策略至关重要。尽管APN是否在这些细胞上充当PEDV的功能性受体仍有待确定，但外源性pAPN的过度表达会使非易感性细胞易受PEDV感染。该观察结果表明，APN密度对于PEDV在细胞中的繁殖具有重要的功能意义（Nam和Lee，2010）。此外，pAPN通过其酶活性促进PEDV感染，而这一作用与其作为受体促进病毒复制无关（Shirato等，2016）。添加胰蛋白酶对于用Vero细胞分离和连续培养PEDV是必不可少的（Hofmann和Wyler，1988；Chen等，2014；Oka等，2014；Lee等，2015）。胰蛋白酶通过将S蛋白切割为S1和S2亚基来促进PEDV的进入和释放，从而使病毒能够成功地在体外复制和传播（Shirato等，2011；Wicht等，2014）。但是，一些细胞适应性减毒的PEDV毒株，例如SM98-1和83P-5，可以在没有胰蛋白酶的情况下进行病毒繁殖（Nam和Lee，2010；Kim和Lee，2013）。病毒感染的结果是，在受感染的细胞中逐步形成了明显的细胞病变效应（CPE），包括细胞融合、空泡、合胞体和脱落（Lee等，2015）。

5.4.2 PEDV-宿主相互作用

由于病毒依赖宿主机制来制造新病毒，因此它们可能会调整宿主细胞因子或信号传导通路，以促进自身繁殖。蛋白质组学分析显示，在感染PEDV的Vero细胞中，参与凋亡、信号转导和应激反应的蛋白质表达受到调控（Zeng

导致新生猪死亡的爆炸性增长（Park 和 Lee，2009；Park 等，2011）。尽管在PED流行病反复发生的亚洲国家中经常报告这种PED地方性流行疫情，但在包括美国在内的PED新发国家中也有可能发生。

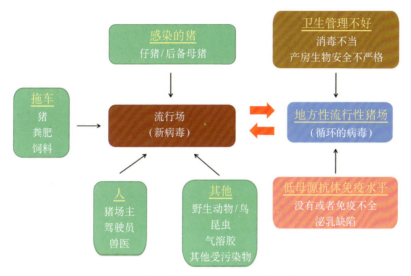

图5.4　流行和地方性流行中PEDV的传播来源和途径

5.5.2 临床和病理观察

PEDV可以感染各个年龄段的猪，引起厌食和抑郁，并伴有呕吐和水样腹泻。仔猪的发病率接近100%，但成年猪的发病率可能有所不同（Saif 等，2012）。PEDV的潜伏期从1 ~ 8天不等，一般为2d，具体取决于临床或实验条件。临床症状发作到停止之间的间隔为3 ~ 4周（Pensaert 和 de Bouck，1978；Saif 等，2012；Wang 等，2013；Jung 等，2014；Madson 等，2014；Lee 等，2015）。感染后的最初24h可检测到粪便排PEDV，排毒可持续达4周。但是，疾病的严重程度和死亡率可能与猪的年龄成反比（Shibata 等，2000；Saif 等，2012）。1周龄以内的新生仔猪感染PEDV会引起严重的腹泻和呕吐，持续3 ~ 4d，随后大量脱水和电解质失衡，最终导致死亡（图5.5）。死亡率平均为50%，在1 ~ 3日龄的新生仔猪中通常接近100%，随着日龄增加逐渐降低到10%。在较大的动物中，包括从断奶到育肥的猪，在疾病发作后的第1周内，临床症状自我痊愈，但PED可能会影响生长猪的生长性能。母猪可能没有腹泻的症状，但常常表现出抑郁症状和厌食症。如果分娩的母猪失去后代，那么他们可能随后会遭受繁殖失调，包括无乳、延迟发情或妊娠率和产仔数减少，这是由于哺乳期没有仔猪造成的。

图5.5 PEDV感染的典型临床症状。A.仔猪水样腹泻或腹泻（箭头）；B.虚弱仔猪；C.大量死亡率；D.泌乳母猪的乳腺炎

　　大体病变仅限于胃肠道，其特征是膨胀的胃里充满了未完全消化的奶块，薄而透明的肠壁内充满淡黄色的积液（图5.6A）（de Bouck 等，1981；Jung 等，2014；Lee 等，2015）。PEDV感染的组织学特征包括严重的弥漫性萎缩性肠炎，浅表性绒毛肠细胞肿胀伴有轻度胞浆空泡，散在的肠细胞坏死继而脱落，以及绒毛固有层底部收缩，含凋亡细胞（图5.6B）（de Bouck 等，1981；Jung 等，2014；Madson 等，2014；Lee 等，2015）。肠绒毛缩短至其原始长度的2/3或更短

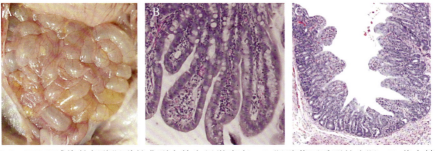

图5.6 PEDV感染的仔猪肠道的典型大体和显微病变。A.肠壁薄而透明的小肠；B.苏木精和伊红染色的空肠，带绒毛空泡；C.苏木精和伊红染色的空肠，显示绒毛萎缩和脱落

（感染猪的毛高与隐窝深度之比变为小于3∶1），其病理程度取决于感染或疾病过程的阶段（图 5.6B）（de Bouck 等，1981；Jung 等，2014；Madson 等，2014）。

5.5.3 致病机制

PEDV 在整个小肠的绒毛状上皮细胞的细胞质中复制，破坏靶细胞肠上皮细胞，可能是由于大量坏死或凋亡（Kim 和 Lee，2014）。随后，PEDV 感染导致绒毛萎缩和空泡化，以及酶活性的显著降低（Saif 等，2012；Kim 和 Lee，2014）。疾病发展阻碍了营养物和电解质的消化和吸收，从而导致吸收不良的水样腹泻，继而导致新生仔猪严重和致命的脱水（Ducatelle 等，1982；Saif 等，2012）。PEDV 感染后，疾病后果和与 PED 相关的死亡通常和年龄密切相关。尽管尚未明确阐明 PEDV 在哺乳仔猪诱发的疾病较断奶猪更严重的原因，但新生猪肠细胞再生较慢可能是一个重要因素（Moon 等，1973）。PEDV 感染会增加隐窝干细胞的数量和隐窝细胞的增殖，导致上皮细胞更新加速（Jung 和 Saif，2015）。正常哺乳仔猪的肠细胞更新速度比断奶仔猪慢，这表明隐窝干细胞更新的速度与年龄相关 PED 的抵抗性有关（Jung 和 Saif，2015）。

5.6 诊断程序

由于 PEDV 感染的结果在临床上和病理上与由其他猪肠道冠状病毒（包括 TGEV 和猪德尔塔冠状病毒）引起的结果无法区分（Haelterman，1972；Ducatelle 等，1982；Ma 等，2015），因此不能单独根据临床症状和病理变化进行 PED 诊断。因此，必须在实验室中从抗原或基因组水平检测 PEDV 的存在，以进行鉴别诊断。已应用各种传统的病毒学方法进行诊断，包括免疫荧光（IF）或免疫组织化学（IHC）检测、原位杂交、电子显微镜、病毒分离、酶联免疫吸附测定（ELISA）和逆转录聚合酶链反应（RT-PCR）技术（图5.7）。考虑到快速诊断的时间和敏感性，常规和实时 RT-PCR 的商业试剂盒被最广泛用于流行或地方性暴发的 PEDV 诊断，以及检疫或屠宰政策。另外，S 基因区域的核苷酸测序可用于确定在畜群中流行的 PEDV 基因型。RT-PCR 和 S 基因测序结合起来被证明是诊断病毒和监测野外新变异株出现的最佳工具（Lee，2015）。

许多血清学检测方法已用于检测 PEDV 抗体，包括间接荧光抗体（IFA）染色、ELISA 和病毒中和（VN）试验。由于新生仔猪抵抗 PEDV 的特殊保护策略（被动免疫），因此确定母猪群中是否存在抗 PEDV 抗体可能毫无意义。取而代之的是，母猪免疫后，为监测免疫水平，需要测量 PEDV 的中和抗体

（NA）水平（或效价），或初乳、母乳和/或血清中的尤其是S蛋白的中和抗体水平。在这方面，VN测试对于评估新生仔猪从母猪身上获得的保护性抗体水平可能至关重要。然而，该方法耗时，并且不能选择性地仅检测代表黏膜免疫的分泌型IgA抗体（Lee，2015）。相比之下，与VN测试相比，用于抗体检测的IFA和间接ELISA方法具有相同的特异性，但耗时少且易于操作。目前使用的大多数检测方法的建立都是基于全病毒（Hofmann和Wyler，1990；Carvajal等，1995a；Oh等，2005）或病毒蛋白抗原（Knuchel等，1992；Gerber等，2014）。基于全病毒的IFA和ELISA试验可能不适用于评估保护性NA，因为它们还捕获病毒粒子成分如M或N蛋白的各种抗体。但是，通过确定断奶到育肥猪的感染状况，这些工具对于监控感染猪场的PEDV流行状况可能仍然有用。另一方面，由于PEDV的S1结构域包含潜在的受体结合区和主要中和表位，所以整个S蛋白或其S1部分适合用于ELISA的病毒抗原（Sun等，2007；Lee等，2011）。实际上，已经开发了一种基于重组S1蛋白的间接ELISA方法

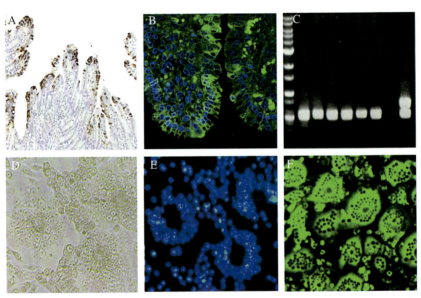

图5.7　诊断PEDV感染的实验室方法。　A、B.IHC或IF检测空肠PEDV抗原。　棕色（A）或绿色（B）表示感染的肠上皮细胞胞质中的PEDV N抗原。用抗PEDV N蛋白单克隆抗体（MAb）（CAVAC，大田，韩国）检测抗原。C.常规RT-PCR，用于检测临床样品如粪便、直肠拭子或小肠匀浆中的PEDV核酸。　使用i-TGE / PED检测试剂盒（iNtRON Biotechnology，韩国城南市）通过RT-PCR分析检测PEDV基因组。　最后一个泳道代表TGEV（上面条带）和PEDV（下面条带）的阳性对照。D～F.细胞培养分离PEDV。PEDV特异的CPEs特征为合胞体和细胞脱落（D），DAPI染色的多核细胞（polykaryon）（E）和用PEDV N特异的单克隆抗体通过IFA证实在Vero细胞中（F）分离的病毒

来检测抗PEDV抗体（Gerber等，2014）。此外，宋等（2016）研究表明，在哺乳期间，乳腺分泌物中针对PEDV的中和活性与主要针对S1和S2的IgA显著相关。因此，建议使用VN和基于S1的ELISA方法评估母猪初乳和奶的保护能力，这对哺乳新生儿获得早期抗PEDV被动保护至关重要。

5.7 分子流行病学

5.7.1 欧洲流行病学

尽管20世纪70年代PEDV在英国首次出现，随后在多个欧洲国家出现，但与亚洲国家和美国相比，PEDV在欧洲的影响和经济上的重要性目前可忽略不计。因此，过去数十年来欧洲PEDV的流行病学尚未得到深入研究。在80年代和90年代，很少有PEDV暴发，而该病毒在猪群中以低流行率持续流行。一些欧洲国家报道过散发疫情，引起断奶或架子猪的腹泻。大量的血清学调查表明，欧洲猪的PEDV血清阳性率低（Pijpers等，1993；Van Reeth和Pensaert，1994；Carvajal等，1995b；Nagy等，1996；Pensaert和Van Reeth，1998；Pritchard等，1999）。有趣的是，尽管欧洲国家对PEDV的群体免疫力不足，但这种病毒很少引起这些易感猪群的严重暴发，因此，确切的耐受机制尚待阐明。2006年，意大利各个年龄段的猪都再次出现PEDV的典型流行形式（Martelli等，2008）。2014年，德国报告了一个育肥场中的PED病例（Hanket等，2015）。此后不久，在法国的分娩繁殖猪群和比利时的育肥猪中发现了PEDV暴发（Theuns等，2015；Grasland等，2015）。德国、法国和比利时流行的PEDV株在遗传上几乎彼此同源，并且与在中国、美国和韩国发现的G1b变异株最为相似（图5.3）。需要进一步的调查研究以确定G1b毒株是否以前在欧洲流行，或者是否最近从美国或亚洲引入。大约在同一时间，乌克兰暴发了PEDV疫情，导致哺乳仔猪的高死亡率，并发现大流行的G2b样毒株是造成这次疫情的病原（Dastjerdi等，2015）。PED的暴发凸显了对欧盟内相邻国家和更远国家的威胁。因此，有必要实施严格的生物安全规程，以防止PEDV在欧洲内部或国际上进一步传播。尤其重要的是，如果在欧洲某些地区出现了毒力很强的G2 PEDV，而这种强毒最近几十年来该地区没有出现或再出现，那么继续监视局势将非常重要。

5.7.2 亚洲流行病学

在亚洲，PED流行首先于1982年在日本发生。此后，PED在邻近的亚洲国家，尤其是在中国和韩国引起了严重的流行，导致仔猪损失惨重

(Takahashi等，1983；Kweon等，1993；Jinghui 和Yijing，2005）。自从首次鉴定以来，PED一直活跃，在中国造成了严重的经济损失。在20世纪90年代初期，一种含有灭活的典型CV777株的疫苗被开发出来，此后已在中国的整个养猪业中广泛使用。直到2010年，PED的暴发都是间歇性的，只有有限的疫情发生。但是，2010年底，养猪主要省份发生的PED疫情显著增加（Li等，2012）。在此期间，中国首次报道了属于G1b基因组的新PEDV变异株（Li等，2012）。自那时以来，在中国的各个地区都报道了严重的PEDV疫情，而且G1b变异株和野外流行的G2毒株均是造成中国目前PED暴发的原因（Sun等，2012；Wang等，2013；Tian等，2014）。G2b株AH2012后来被发现是2013年美国新发PEDV株的潜在祖先（Huang等，2013；Vlasova等，2014）。

在21世纪第一个10年代后期，PEDV在菲律宾、泰国、中国台湾地区和越南变得越来越严重（Puranaveja等，2009；Duy等，2011；Lin等，2014）。在泰国，引起流行的PEDV分离株具有临床流行G2毒株的典型的S遗传特征，在G2a或G2b亚组中位于与韩国和中国毒株相邻的组中（Temeeyasen等，2014）。PED首次在越南南部省份被发现，此后不久，该病蔓延到所有主要的猪生产区（Duy等，2011）。越南毒株也具有独特的S INDEL特征，可以归类为G2b亚系，继续在越南引起零星的暴发（Vui等，2014）。在2013年之前，PEDV的发病率相对较低，只有日本和中国台湾地区的零星暴发。2013年底，这些国家和地区突然重新出现了严重的大规模PED流行，给养猪业造成了巨大的经济损失（Lin等，2014；MAFF，2017）。2013—2014年收集的日本和中国台湾地区病毒分离株在进化上与全球G2b PEDV毒株属于同一分支（Lin等，2014；MAFF，2017）。

5.7.3 美国流行病学

PEDV在2013年5月出人意料且爆炸性的出现之前，PED在美国属于外来病。此后，PEDV在美国的养猪场中迅速传播，造成了重大的经济损失（Stevenson等，2013）。对最初在美国暴发期间鉴定的PEDV毒株进行遗传和进化树分析表明，美国毒株与中国毒株密切相关，特别是2012年从中国安徽分离出的AH2012毒株，暗示美国毒株可能来源于中国安徽（Huang等，2013）。最近的研究表明，在美国出现的PEDV毒株可能通过重组从G2b亚系的两个中国毒株AH2012和CH / ZMDZY / 11衍生而来（Vlasova等，2014；Tian等，2014）。值得注意的是，与美国相似的PEDV株似乎是导致2013年底在韩国、日本和中国台湾地区大规模暴发PED的病原（Lee和Lee，2014；Lin等，2014；MAFF，2017）。

随后，2014年又报道了其他新的美国PEDV毒株，例如OH851，但该毒株没有流行G2病毒的典型S蛋白遗传特征。根据S基因的相似性，它们在进化树上与G1b亚组中的新的中国毒株紧密相关，或基于全基因组特征与G2组中出现的美国PEDV毒株相关（Wang等，2014）。与主要在美国流行的PEDV毒株相比，来自美国的新型变异株在其S1区的前1 170个核苷酸中具有较低的核苷酸同源性，在S基因的其余部分中具有高度相似性，这表明美国PEDV变异株通过潜在的重组事件快速进化（Wang等，2014）。但是，一项回顾性研究表明，新的美国变异株已在2013年6月出现，这表明有可能在大约同一时间将多个亲本PEDV毒株引入美国（Vlasova等，2014）。

5.7.4 韩国流行病学

韩国于1992年确诊了第一例PED流行（Kweon等，1993）。但是，一项回顾性研究表明，自1987年以来，PEDV在韩国已经存在（Park和Lee，1997）。此后，PED的暴发每年都在发生，并成为地方性流行，导致高的仔猪死亡率，直到2010年PED仍然对国内养猪业造成重大经济损失。在2007年进行的血清学调查中，159个检测的农场中（30～150日龄）断奶至育成期的猪血清91.8%阳性，表明大多数农场受到地方性PEDV流行的严重影响（Park和Pak，2009）。自21世纪初期以来，已在全国范围内引入了基于国内分离株SM98-1或DR-13的改良活疫苗和灭活疫苗，与往年相比，与PEDV相关的腹泻疾病暴发的发生率有所下降（Lee，2015）。但是，在接种过疫苗的家畜中持续发生的PED流行引起了对韩国商业疫苗功效的质疑。在同一时期，韩国的主要PEDV分离株被分类为具有S INDEL特征的G2a株，并且与典型CV777或属于G1a亚组的韩国疫苗株有很远的亲缘关系（Lee等，2010）。

由于韩国在2010—2011年暴发了严重的口蹄疫（FMD）疫情，因此PED流行处于平稳状态。PED的流行是偶发性的，2011年至2013年初在韩国仅是间歇性暴发。这种病的流行情况很可能是由于在2010—2011年口蹄疫暴发期间韩国大规模扑杀了超过300万头猪（占整个家猪种群的1/3）造成的（Lee，2015）。然而，从2013年11月开始，严重的PED疫情急剧增多，席卷了整个韩国大陆近一半的养猪场（Lee和Lee，2014）。4个月后，该病毒到达了济州岛，该岛自2004年以来一直没有PEDV（Lee等，2014a）。2013—2014年，导致韩国大规模流行的PEDV分离株被归类为G2b亚组，并与美国PEDV出现的毒株密切相关（Lee和Lee，2014；Lee等，2014a）。侵入韩国猪种群的PEDV来源尚未确定。在美国PEDV突然出现期间或之后进口猪种是可能的来源，但目前尚不清楚韩国是否早已存在与美国相似的G2b PEDV。实际上，在2012年

11月（Kim等，2015）和2013年5月（Lee和Lee，2014）分别鉴定出2个韩国G2b分离株KDJN12YG和KNU-1303。前者类似于中国的G2b毒株，而后者类似于新发的美国G2b毒株。因此，也可以想象，这种病毒是通过重组或点突变而独立进化的，在美国发生PED之前可能已经作为次要流行毒株出现在韩国（Lee，2015）。另外，它可能直接起源于中国，此后在适当的情况使G2b毒株成为主导，导致近期在全国范围内发生了许多急性暴发（Lee和Lee，2014；Kim等，2015；Lee，2015）。

2014年3月在韩国发现了新的G1b PEDV变异株，类似于中国、美国和最近在几个欧洲国家报道的变异株（Lee等，2014b）。它们具有G1b毒株的共同遗传和遗传进化特征[与CV777相比，没有S INDELs，根据S蛋白或全基因组的序列及重组的证据，属于不同的遗传进化亚组（G1b或G2）]，并且在其他G1b毒株中，这些毒株与美国变异株OH851最密切相关（Lee等，2014b）。尽管需要进行时间研究以验证G1b病毒在首次鉴定之前的早期存在，但可行的是，就像在美国暴发的情况一样，两个类似USA株的G1b和G2b祖先株可能同时被传到韩国（Lee，2015）。在韩国发现了另一种带有大S缺失的新型PEDV G2毒株（MF3809）。但是，在2008年接受调查的569个农场中，只有1个农场的2 634个腹泻样品中的3个样品发现了这种分离株（Park等，2014）。最近，在韩国的PED地方性农场发现了另一种在S基因中具有5个氨基酸插入（DTHPE）的新型PEDV G2b变异株，因此表明该病毒在临床发生了持续进化（Lee和Lee，2017）。这些变异株及其引发疫情目前尚不存在，但仍有可能。因此，重要的是继续调查迄今尚未鉴定的PEDV变体，这些变体可能通过遗传漂移（例如点突变）或遗传移位（例如重组事件）在本地或全球范围内出现，以便为将来的流行或大流行发生做准备。

5.8 PEDV防控

5.8.1 生物安全

预防和控制PED急性暴发的最重要措施之一是严格的生物安全措施，该方法通过最大限度地减少可能接触病毒的任何物品或人员，从根本上降低病毒进入猪场（尤其是育肥和分娩区域）的风险。为此，对所有运输工具、与人员（包括外部访客）有关的物品（手套、工作服和靴子）及可能被PEDV污染的来料进行彻底消毒（图5.8）。尽管PEDV可以被大多数杀病毒消毒剂灭活（Pospischil等，2002），但即使使用多种市售消毒剂进行消毒，PEDV RNA仍可通过RT-PCR检测到（Bowman等，2015）。因此，可能有必要在体内或在各种临床条件下，特别是在冬季，对消毒剂进行评估，以选择合适的消毒剂组合物和相关程序。以下消毒程序顺序是至关重要的，并建议猪肉生产者尝试对运输或圈养PEDV阳性动物的运输工具或设施进行消毒：①使用高压清洗机和温度超过70℃的温水进行适当清洗；②选择适当的消毒剂根据标签上的指示消毒；③过夜干燥（Park和Lee，2009；Park等，2011；Lee，2015）。其他生物安全措施包括限制育肥和分娩单元之间的人员流动，并限制养猪场在装载过程中拖车或驾驶员与农场内部之间的接触，或在收集点的卸载过程中限制驾驶员与屠宰设施之间的接触（Park和Lee，2009；Park等，2011；Lowe等，2014）。所有新来或替代的猪，包括后备母猪，都应隔离一定时间以监测其健康状况（Park和Lee，2009；Park等，2011）。更重要的是，当猪场出现可疑的临床症状时，及时通知并通过RT-PCR早期诊断PEDV，对减少感染扩散和控制PED也是至关重要的。显然，人员遵守这些规则是成功实施此类程序的关键。

PEDV是一种跨界病毒，似乎很容易传播到邻近或遥远的国家，甚至跨洲传播。由于PED不是世界动物卫生组织报告的疾病，因此各国可能未对导致病毒在猪肉生产国之间病毒传播的潜在来源或途径实施适当的检验检疫。在邻国或贸易国发生大规模严重的PED流行期间，应适当对检疫（或国际生物安全）程序加强管理，尤其要注意全球传播的任何风险因素，以防止PEDV以及其他新出现或重新出现病原体的进入。考虑到最近全球PEDV毒株在亚洲国家之间、亚洲与北美及欧洲之间的国际传播，我们可能会重新评估针对PED和其他流行病或人兽共患病的检疫政策的重要性（Lee，2015）。

图5.8 预防PEDV传播的生物安全和消毒程序。必须对任何内部或外部来源的人或物品实施生物安全程序，以有效地降低PEDV进入猪群的风险，并有助减少地区或国家之间的病毒传播

5.8.2 疫苗

通过母猪疫苗接种进行被动免疫是控制和根除PED的最有希望和最有效的策略。由于缺乏免疫球蛋白受体引起的胎盘不通透性，仔猪出生时没有丙种球蛋白，对多种病原高度敏感（Langel等，2016）。因此，新生仔猪完全依靠通过母乳（包括初乳）从免疫母猪获得母源抗体来获得保护。尽管PEDV最先在欧洲国家发现，但这些国家没有面临经济威胁，尚未进行疫苗开发。另一方面，在亚洲国家，严重的PED流行病很常见，因此可以促使人们开发更多的PEDV疫苗。在中国，常规使用CV777减毒或灭活疫苗来预防PED，但是在已接种猪群中PED暴发对基于CV777的疫苗的有效性提出了挑战（Li等，2012）。日本PEDV强毒株83P-5在Vero细胞中传代100次后减毒（Sato等，2011）。随后，在日本已将适应细胞的83P-5株用作肌内注射（IM）减毒活疫苗（P-5V），在韩国也可以买到。研究人员还探索了细胞培养适应方法来对两种韩国强毒PEDV株SM98-1（93代）和DR-13（100代）减毒（Kweon等，1999；Song等，2007）。SM98-1毒株已用作IM活疫苗或灭活疫苗，而DR-13可用作口服活疫苗。尽管已证明这些减毒或灭活疫苗可在实验室试验中提供保护，但它们在临床生产中的有效性以及其使用的利弊仍在争论中。

上述PEDV疫苗在中国和韩国的不完全有效性可能是由于疫苗和临床流行株之间的抗原性、遗传性（S蛋白之间的变异）和基因进化性差异（G1与G2）造成的（Lee等，2010，2015；Lee和Lee，2014；Oh等，2014；Kim等，2015）。因此，在该领域中占主导地位的G2b流行性PEDV或相关毒株应被视为开发下一代疫苗的种子。源自临床G2 PEDV分离株的重组S1蛋白有效地保护了新生仔猪免受PEDV感染，表明其可能作为预防PED的亚单位疫苗（Oh等，2014）。PED RNA疫苗是基于美国复制缺陷型委内瑞拉马脑炎病毒包装系统，利用RNA颗粒技术平台，用G2b分离株的S基因开发的（Mogler等，2014）。尽管使用PED RNA疫苗显著增加了初乳中的S特异性IgG抗体，但仔猪的死亡率几乎没有降低（Grenier等，2015）。在开发有效的基于G2b的疫苗方面取得了突破，其分离的PEDV毒株在表型和基因型上与造成全球PED流行的野毒株完全相同。在美国已经获得了许多与新近出现毒株有关的可培养的PEDV毒株（Chen等，2014；Oka等，2014）。基于这些G2b分离物，已生产出灭活的PEDV疫苗，目前可在美国和韩国市场上购买。在韩国，研究人员的实验室成功分离出了PEDV G2b流行性强毒株并进行细胞上繁殖，研究人员正在研究这种分离株用于新型有效、安全的疫苗的开发（Lee等，2015，2017；Baek等，2016）。有趣的是，母猪先前暴露于"低致病性"G1b PEDV可以为"高致病性"G2b病毒感染的仔猪提供交叉保护性乳源性免疫力（Goede等，2015）。但是，接受肠胃外疫苗接种的母猪产生了一种特异性免疫反应，但这种免疫反应不能完全保护其仔猪。在年轻的仔猪模型中可以重现这种结果（Crawford等，2016）。这些发现表明，疫苗接种途径可能是刺激母猪最佳黏膜免疫力，随后将高质量的乳原性免疫力传递给哺乳新生仔猪以预防PEDV的最重要因素之一。尽管对肠道疾病的防护主要取决于肠黏膜中是否存在分泌型IgA抗体，但疫苗的功效可能与免疫母猪血清和初乳中维持高水平的PEDV特异性中和抗体有关（Park和Lee，2009；Park等，2011；QIA，2014）。Song等（2016）研究表明，母乳（包括初乳）中的IgA和PEDV中和抗体滴度与PEDV的保护性免疫有关。其他研究表明，病毒剂量和后备母猪肠道中病毒复制的程度可能有助于产生足够水平的IgA和乳汁分泌物中的中和抗体（Langel等，2016）。考虑到上述问题，希望以现在流行的主要毒株为基础开发一种新的改良的活病毒（MLV）疫苗，使用该疫苗来有效诱导乳原性免疫，并且基于G2b的新型MLV疫苗有望很快商品化和为生猪生产者服务。但是，我们对影响诱导乳源性免疫因素的理解仍然存在差距，其中可能包括给药剂量、疫苗株、后备母猪/母猪的年龄或胎龄，以及其他变量。需要进一步的研究来确定这些因素，从而最终改善疫苗接种方案和总体猪群免疫力。尽管可能很难预测新疫苗的临床效果，但重要的是，如果将疫苗与严格的生物安全、消毒程序和最佳的农场管理结合使用，疫苗接种将是预防和/或控制PED的最有价值和最实用的方法。需要研究人员、兽医、生产者、养猪业专家、生产者协会和政府之间的综合协调努力，才能有效实施必要的PED预防和控制措施。

被动乳源性免疫的另一关键方面是新生乳猪有效地从母乳（包括初乳）中获得足够量的保护性抗体。因此，必须监测妊娠或哺乳母猪的卫生状况和健康状况，以消除影响泌乳能力的潜在因素，如乳腺炎或无乳症，以便母猪可以不断为其产仔提供优质的母乳（包括初乳）（Lee，2015）。哺乳仔猪在断奶时被剥夺了母体乳源性免疫力的来源，此后不久就变得容易受到PEDV的侵害。PEDV暴发后，该病毒可能会在易感猪或幸存猪中持续存在，从而导致该病毒在农场中循环传播（地方性PED）。因此，对断奶仔猪和育成猪的主动免疫对于控制地方性PEDV感染可能是必要的（Saif等，2012；Lee，2015）。

5.8.3 替代性免疫预防和治疗策略

在突发的高死亡率PED流行期间，可以考虑使用感染新生仔猪的水样粪便或切碎的肠暴露给妊娠母猪（反饲）本场流行的毒株，这将人为地触发快速的乳源免疫力，缩短农场的暴发期（Saif等，2012；Lee，2015）。但是，在采用这种方法之前，应该考虑到许多缺点。其他病原体如PRRSV或PCV2可能存在于肠道或粪便内容物中，可导致母猪或仔猪间、农场内出现广泛传播（Jung等，2006；Park等，2009）。由于本场病毒材料中传染性PEDV的均匀性和数量无法检测，因此母猪的免疫力可能没有得到足够的刺激，无法满足后代保护的需求。此外，来自人工感染的母猪的传染性病毒会通过粪便或口腔液排出，这反过来可能成为内部设施长期污染以及设施之间和农场间PEDV传播的潜在来源（Lee，2015）。

通过口服特异性抗体进行的人工被动免疫是抗肠道病原体如PEDV的一种很有吸引力的方法。牛初乳和PEDV或S1蛋黄免疫球蛋白的免疫预防作用已表明其可保护新生仔猪免受暴露攻毒（Kweon等，2000；Shibata等，2001；Lee等，2015）。通过药物、生物活性物或天然药物刺激隐窝干细胞的增殖或重组来减缓上皮细胞更新，能够降低由于严重的绒毛萎缩引起的脱水导致的PEDV相关性死亡（Jung等，2015）。研究发现，表皮生长因子可刺激肠道隐窝上皮细胞增殖并缓解PEDV引起的萎缩性肠炎，表明其具有治疗潜力（Jung等，2008）。广谱抗病毒药物或分子，如利巴韦林，在体外抑制PEDV感染，是实际用来治疗PED的研究热点（Kim和Lee，2013）。化学抑制剂以及来自药用植物或天然来源的化合物，它们作用于细胞外靶标，例如胆固醇依赖性病毒进入（Jeon和Lee，2017）或细胞内因子，包括凋亡或MAPK信号通路（Kim和Lee，2014，2015；Lee等，2016）可能是减少PEDV相关症状和死亡率的新型治疗候选药物。另外，补充营养减少应激和增强对疾病的抵抗力对新生猪的PED控制是有用的。

5.9 致谢

感谢庆北大学的研究生Sunhee Lee在准备参考资料和图表方面所提供的帮助。本文由农业、粮食和农村事务部资助的韩国食品、农业、林业和渔业技术规划与评估研究所（iPET）的生物工业技术发展计划支持（315021-04）。

参考文献

6 猪细小病毒

Porcine Parvovirus

André Felipe Streck[1*], Uwe Truyen[2]

翻译：杜银平；审校：封文海 刘平黄

1 Veterinary Diagnostic Laboratory, Faculty of Veterinary Medicine, University of Caxias do Sul, Caxias do Sul, Brazil.

2 Institute for Animal Hygiene and Veterinary Public Health, Faculty of Veterinary Medicine, University of Leipzig, Leipzig, Germany.

*Correspondence: afstreck@ucs.br

https://doi.org/10.21775/9781910190913.06

6.1 摘要

猪细小病毒（porcine parvovirus，PPV）是引起猪繁殖障碍的主要病原之一，所导致的繁殖障碍症状总结为 SMEDI（stillbirth 死胎，mummification 木乃伊胎，embryonic death 胚胎死亡，infertility 不孕症）。本部分内容将介绍猪细小病毒的生物学特性、病毒结构、致病力、毒株特异性以及所引起的疾病。同时本部分内容将总结猪细小病毒的已知致病机制、诊断方法、预防，尤其是疫苗接种预防等。此外，近年来陆续从猪体内分离得到新型猪细小病毒 PPV2-7。这些新型猪细小病毒在世界各地猪群均有分离，本部分内容也将就其与临床症状和疾病的关联进行探讨。

6.2 引言

猪细小病毒是一种无囊膜小病毒，是引起猪繁殖障碍的主要病原之一。历史上，20 世纪 60 年代商品化饲养猪群繁殖障碍发生率非常高，当时主要归咎于环境、营养、遗传和毒理学问题等因素（Lawson，1961；Rasbech，1969）。在用于培养猪霍乱病毒的原代猪肾和睾丸细胞中持续存在小颗粒污染物（大小 22～23nm），由此初步发现了猪细小病毒存在的证据（Mayr 和

Mahnel，1964）。这种生物污染粒子与鼠细小病毒Kiham极为相似（Mahnel，1965）。该病毒在猪细胞系中具有复制能力，因此易于分离得到并被命名为猪细小病毒（Siegl 1976）。Cartwright和Huck于1967年首次报道了猪群感染PPV的病例，并且与猪流产有关。在接下来的几年中，PPV被发现是导致猪返情、流产、产木乃伊胎或死胎的主要病原，所导致的症状简称为SMEDI。PPV在世界大多数地区猪群中均有流行，并且在所有猪群类别中均有发现。在PPV疫苗接种猪群中因繁殖障碍所导致的经济损失往往很低，但是在疫苗接种不当或病毒出现新型抗原特征情况下，PPV感染可导致严重的流产风暴（Truyen和Streck，2012）。

在分类学上，根据国际病毒学分类委员会最新版本，该病毒被归类为细小病毒科细小病毒亚科有蹄类原细小病毒1属。

6.3 分子生物学特征

细小病毒基因组为5 kb大小的单链DNA。在细小病毒基因组序列的两端，均存在一个长120～200 bp的复杂回文序列，该系列对细小病毒基因组DNA复制至关重要。PPV基因组共编码4种蛋白。同时，在复制过程中PPV利用基因片段选择性剪切功能扩展其编码能力。PPV编码2种非结构蛋白NS1和NS2，主导病毒复制，在病毒基因组DNA复制过程中发挥着重要作用。细小病毒基因组可以转录和翻译两种结构蛋白VP1和VP2。较小的VP2蛋白编码序列是由VP1蛋白编码RNA剪切而成，VP1蛋白由729个氨基酸残基组成，其中120个氨基酸末端序列可以形成特殊蛋白结构并发生剪切（因此该末端蛋白结构不存在于VP2蛋白）。第3种结构蛋白VP3是VP2蛋白的转录后修饰产物（Simpson等，2002；Cotmore和Tattersall，2006）。此外，非结构蛋白SAT与结构蛋白VP2编码自同一mRNA，SAT编码起始位点位于VP2编码起始位点下游的第7个核苷酸（Zádori等，2005）。

如图6.1所示，PPV衣壳呈球状，直径约28 nm，由60个相同的病毒衣壳蛋白结构单元组成（Chapman和Rosmann，1993）。每一个结构单元含有约90%的VP2蛋白分子和10%的VP1蛋白分子（Simpson等，2002）。每个结构单元包括8个反向平行的病毒衣壳常见结构β链、1个α螺旋和4个连接环（Chapman和Rossmann，1993）。在囊膜表面，可以观察到位于三倍轴上的凸起、位于五倍轴周边的裂隙、位于二倍轴上的凹陷点。二倍轴和三倍轴主要由蛋白亚基连接环组成（Simpson等，2002）。

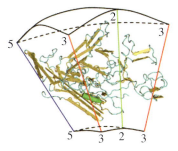

图6.1　PPV病毒衣壳结构。左图：X射线坐标器计算所得衣壳表面结构展示，热感因度为50nm，低通滤波器为1.7nm。右图：VP2蛋白3D结构卡通图，其二级结构由α螺旋和β链组成。该图通过Cn3D version 4.1软件制作而成。附上图片检索链接（http://www.ncbi.nlm.nih.gov/Structure/index.shtml），获取密码：1K3V（Simpson 等，2002。相邻的五倍轴（蓝色）、三倍轴（红色）和二倍轴（绿色）如图所示

6.4　细胞生物学特征（包括细胞嗜性、病毒－细胞相互作用、细胞死亡等）

PPV首先在淋巴组织复制，此后，通过病毒血症造成全身系统性感染（Paul 等，1980）。病毒如何通过胎盘屏障进入猪胎儿内，目前尚不清楚。母体与胎儿之间存在6个完全分开的组织层，将母体和胎儿的血液循环完全隔开，且细胞之间均是紧密联结，哪怕小分子例如抗体都无法通过（Mengeling，2000）。有报道推测，可能是由于病毒被巨噬细胞吞噬后仍然具有感染性，病毒通过巨噬细胞穿越猪胎盘绒膜上皮导致胎儿感染（Paul 等，1979）。

胎儿感染PPV后，由于胚胎组织中细胞有丝分裂活动较强，因此更利于病毒感染和复制。PPV感染进入细胞的机制目前仍不清楚，可能是通过网格蛋白介导的内吞作用，或是经由微泡转运所介导的内吞作用而进入细胞（Boisvert 等，2010）。由于衣壳蛋白的可逆修饰可以导致病毒逃避内体吞噬作用（Vihinen-Ranta 等，2002；Farr 等，2005），内体转运和酸化对PPV入核是必要的（Boisvert 等，2010）。病毒进入细胞核后，PPV利用细胞自有复制机制进行病毒复制。在细胞增殖周期S期，病毒利用细胞DNA聚合酶进行复制，这就解释了在S期病毒复制指数较高的原因（Rhode，1973）。PPV复制可以降低线粒体膜电位，所产生的氧化损害也会导致细胞毒性蛋白释放，比如从线粒体释放到细胞质中的细胞色素C，该蛋白可以诱发细胞凋亡，进而导致细胞死亡和组织损伤（Zhao 等，2016）。

100 | 猪病毒：致病机制及防控措施

PPV毒力特性可能与毒株的基因特异性有关。应用可致病的Kresse毒株和不致病的NADL-2毒株构建重组病毒，体外试验显示衣壳蛋白中的部分氨基酸位点可以影响病毒在特定细胞系中的复制能力。Kresse毒株和NADL-2毒株基因组比对发现，两种毒株非编码区域序列几乎完全相同，非结构蛋白（NS1/NS2）编码基因差异未造成氨基酸编码差异，而在结构蛋白（VP1/VP2）编码基因中，8个氨基酸位点差异点中的6个可以导致编码氨基酸差异。2种毒株VP2氨基酸中存在5个氨基酸位点差异(I-215-T、D-378-G、H-383-Q、S-436-P和R-565-K)，其中3个(D-378-G、H-383-Q和S-436-P)会导致组织嗜性差异(Bergeron等，1996)。第436位氨基酸位于衣壳亚基三倍轴凸起（3-fold spike）中心，而第215位氨基酸则位于其基部。病毒衣壳三倍轴凸起部位是各类细小病毒的重要抗原表位（Chapman和Rossmann，1993）。

病毒测序最新结果表明，氨基酸差异主要位于衣壳蛋白表面，因此这会影响受体结合和/或抗原特性(Streck等，2015a)。来自德国的最新研究表明，对妊娠40d母猪进行野毒株感染试验，可以看到针对不同毒株的血清中和抗体

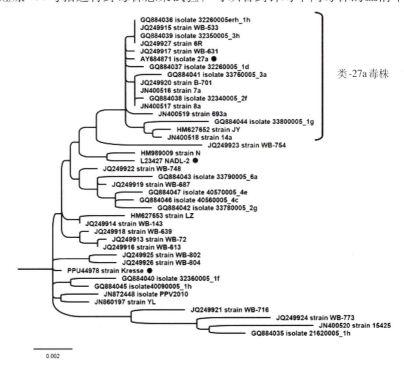

图6.2　PPV基因序列进化树，基于Hasegawa-Kishino-Yano模型并采用Maximum Likelihood方式制作而成。采用离散分布Gamma模型计算进化速率差异（5类）。按照突变位点数目等比例计算进化分支长度。采用MEGA7计算进化数据（Kumer等，2016）。图中采用黑点标记参考毒株NADL-2、Kresse和27a

活性存在明显差异。用感染母猪的血清来检测同源和异源病毒中和活性，所有的抗血清均显示出对同源病毒的高中和活性，但对德国普遍流行的野生毒株（27a）的中和活性则较低(Zeeuw等，2007)。后续研究发现，在其他一些国家分离得到的毒株与27a高度相似，据此可以推测新分离毒株间的差异性可能是出现在最近10～30年（Cadar等，2011；Streck等，2011）。因此可以推测，"类-27a"毒株的出现和流行，很可能是病毒针对全球大规模使用疫苗后的一种适应性突变，进而导致"免疫逃逸变异株"的产生(图6.2)。

6.5 临床与病理学观察

PPV感染所导致的最显著临床症状是猪繁殖性能下降，此外也会引起腹泻和皮肤损伤，但其中的致病机制仍待研究(Brown等，1980；Dea等，1985；Duhamel等，1991)。在最初感染后的5～10d，猪只无论性别和日龄，均会出现短暂的中度淋巴细胞减少，但无明显的临床症状(Joo等，1976；Mengeling和Cutlip，1976；Zeeuw等，2007)。

PPV引起的临床症状主要与妊娠期感染有关，在妊娠早期，孕体被透明带保护，并不易于感染，但到胚胎阶段（约妊娠35d），PPV感染会导致胚胎死亡和母猪流产。从妊娠35d起，胎儿的器官系统发育已基本完成，骨骼也逐步开始硬化，在此发育阶段及以后感染PPV会导致胎儿死亡及木乃伊化。最后，在妊娠70d以后，胎儿已能够建立起有效的免疫反应，可以清除病毒，并且不表现出明显的临床症状。仔猪出生后，体内可以检测到抗PPV抗体(Bachmann等，1975；Joo等，1977；Lenghaus等，1978；Mengeling等，2000)。

皮肤损伤的症状只在胚胎或胎儿中明显出现，即使在公猪、后备母猪和经产母猪中试验接种PPV，也不表现出肉眼可见的皮肤损伤(Bachmann等，1975；Mengeling和Cutlip，1976；Lenghaus等，1978；Mengeling，1978；Thacker等，1987)。PPV感染导致胚胎死亡后，最常出现的可见症状是体液和软组织再吸收。皮肤损伤包括不同程度的充血、水肿、出血和体腔积液。胎儿死亡后，由于之前的出血导致皮肤变色，整体呈暗黑色。随着胎儿组织不断脱水，最终会导致木乃伊化(图6.3)。胎盘会因为脱水变为灰色，同时羊水会减少(Joo等，1977；Lenghaus等，1978)。

母猪组织病理变化包括黏膜膜固有层和相邻的深层组织出现单核细胞聚集，以及大脑、脊髓和眼脉络膜血管周围出现浆细胞和淋巴细胞明显聚集等(Hogg等，1977)。母猪也会出现子宫损伤，如在子宫肌层和子宫内膜血管周围有大量单核细胞集聚(Lenghaus等，1978)。

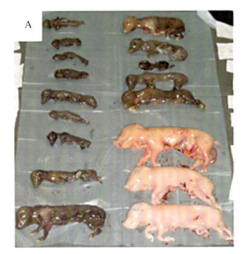

图6.3　妊娠90d母猪感染PPV后导致胚胎出现不同程度的损伤（A. 27a毒株；B. NADL-2毒株）。胎儿摆放位置对应它们在子宫中的位置（Zeeuw等，2007）

在胎儿中，由于病毒感染会导致正在发育的器官系统出现细胞坏死，因此多种组织均会出现病理学变化（Joo等，1977；Lenghaus等，1978）。比如皮下组织和肌肉群中会出现大出血，肺、肾和骨骼肌普遍会出现坏死和纤维化，肝脏和心脏中的病变则更为明显(Lenghaus等，1978）。当胎儿具有较强的免疫力后，病理变化主要是子宫内膜肥大和单核细胞浸润(Hogg等，1977；Joo等，1977)。在妊娠晚期感染PPV的母猪所产活胎儿或流产死胎中，也会出现脑膜脑炎症状，主要以大脑灰质和白质及软脑膜血管周围增殖性外膜细胞、组织细胞和一些浆细胞聚集为特征（Narita等，1975；Hogg等，1977；Joo等，1977）。

6.6　诊断程序

猪细小病毒感染成年猪可能不会导致母猪流产和明显的临床症状(Mengeling和Cutlip，1975)。但当母猪出现无规律发情、延迟分娩并伴有产木乃伊胎和窝仔数减少时，特别是初产或二产母猪发生上述情况时，则可基本判定感染了猪细小病毒。当然，在诊断时也要注意区分上述临床症状是否由Aujeszky病、布鲁氏菌病、细螺旋体病、猪繁殖与呼吸障碍综合征、弓形虫病、非特异性细菌性子宫感染、其他代谢和基因病等引起。

实验室诊断所需材料应包括木乃伊胎和胎儿遗骸。通过免疫荧光法检测胚胎组织中的病毒抗原（IF；图6.4）是诊断PPV的可靠方法(Mengeling和

Cutlip，1975)。以往，由于PPV针对特定物种（如鸡、人、天竺鼠）红细胞具有血凝活性（Joo等，1976），因此病毒的检测和滴度测定可以通过血凝技术（HA）进行。目前，由于病毒在猪肾脏细胞或睾丸细胞复制效率较高，因此可以在ESK（猪胚胎肾）、PK-15（猪肾）、SK6（猪肾）、STE（猪睾丸上皮）和SPEV（猪胚胎肾）等细胞系中进行病毒培养。在这些细胞中，PPV病毒复制通常会引起细胞病变，如表面粗糙、细胞变形、细胞分裂减缓、核内包涵体、核固缩等，并最终导致细胞死亡(Cartwright等，1969；Mengeling，1972)。由于其他病毒或酶反应也会导致类似的细胞病理变化，因此病毒分离和滴定通常要与显微镜下免疫荧光检测相结合(Cartwright等，1971；Johnson，1973)。

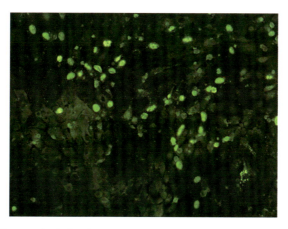

图6.4　对PPV感染PK15细胞进行间接免疫荧光检测。病毒感染5d后细胞核内检测显示为阳性（绿色）。比例尺大小为400×

　　最近，基于核酸序列的测序技术已应用于猪细小病毒的临床检测，该技术与其他检测方法相比更为灵敏精准。在胚胎组织、精液和其他样品中，PCR是检测PPV最有效的方法。多种PCR检测PPV方法（包括定量PCR检测）均已被大量文献介绍（Molitor等，1991；Soares等，1999；Wilhelm等，2006；Chen等，2009；Streck等，2015b；Yang等，2016）。这些方法比以往的血凝技术和病毒分离方法更为精准灵敏，更适用于自溶组织中PPV的检测。但是，PCR检测过程中的病毒或核酸能否成功回收，主要受采样时胚胎组织状态的影响。

　　然而，当没有胎儿组织样品或者样品已经发生自溶时，可用血清学方法检测PPV。但是，当猪群中PPV普遍存在时会干扰检测结果，所以在检测时至少需要检测2份样品。作为一种标准方法，血凝抑制试验（HI）经常用来定量测定PPV特异性抗体水平，但血清样品要先进行热灭活（56℃，30min），再用红细胞和高岭土进行吸附，减少或去除血凝反应的抑制因子（Mengeling，1972；Morimoto等，1972）。值得注意的是，HI结果可能会受孵育温度和红细胞来源的影响。另一种检测方法——ELISA检测法，标准化和自动化程度更高，且血清样品在检测之前不需要进行预处理（Hohdatsu等，1988；Westenbrink等，1989）。ELISA检测法可以从被感染PPV猪群中区分出接种过疫苗的猪只，因为目前使用的灭活疫苗诱导产生的抗体只对VP蛋白反应，而不对NS蛋白反应。ELISA检测方式可以对这两种蛋白加以区分，进而识别出哪些是自然感染诱导产生的抗体（Madsen等，1997；Qing等，2006）。

6.7 流行病学

猪细小病毒在全球大部分地区均有流行，在所有猪群中均有发现，包括公猪群和育肥猪群。PPV最主要的流行病学特征是病毒在环境中具有高度稳定性，在环境中存活数月之后仍然具有感染能力，而被污染的器具或者场所可能是病毒的长期传染源。病毒可以在不同猪群间通过污染物传播，比如设备和养殖工人的衣服、靴子等。可以推测，被感染的公猪会把病毒带入新的猪群。很多文献均报道了自然感染的公猪精液中携带PPV（Cartwright和Huck，1967；Ruckerbauer等，1978）。但是，PPV感染的公猪是否通过精液排毒，或公猪精液中的PPV是否通过污染导致，目前尚无定论。重要的是，如果母猪通过接种疫苗或者自然暴露而产生免疫力，那么将PPV引入猪群并不会直接导致感染问题。但是，如果猪群中一旦出现新的变异毒株并流行，接种疫苗也无法完全阻止猪细小病毒病的感染和流行。

PPV的稳定性可以通过它对乙醇（70%）、季铵（0.05%）和低浓度次氯酸钠（$2\,500\times10^{-6}$）及过氧乙酸（0.2%）的抗性得到验证。PPV也具有很好的热稳定性，可以抵抗90℃的干热（湿热不行）。灭活PPV要用醛基消毒剂、高浓度的次氯酸钠（$25\,000\times10^{-6}$）和过氧化氢（7.5%）等（Eterpi等，2009）。

6.8 病毒防控（包括疫苗和抗病毒研究）

对猪细小病毒病的治疗并没有特别的方法。通常采取防控管理措施以提高猪群的整体健康水平（Mengeling，1999），而更实际的防控目标是提升猪群对PPV的免疫力。在疫苗产生之前，产第一胎前的后备母猪通过提前接触感染仔猪的污染物来预防猪细小病毒。这种做法是不可靠和危险的，因为这可能导致其他病原体在猪群中的传播，比如猪瘟。

首个猪细小病毒疫苗是在20世纪70年代用灭活病毒制作而成（Suzuki和Fujisaki，1976，Joo和Johnson，1977，Mengeling等，1979）。几年以后，母猪便开始接种这种疫苗，并在全球逐步推广。现在，PPV疫苗是对细胞培养的病毒（通常采用非致病毒株NADL-2）进行灭活（福尔马林、β-丙内酯或二元乙基亚胺），混合油脂或氢氧化铝作为辅助剂制成，并通过注射方式接种。这种疫苗可以诱导抗体产生，减少临床症状的发生，但不能预防感染（Józwik等，2009，Foerster等，2016）。根据猪群类别调整接种时间，后备母猪通常在170～180日龄或在人工授精前30d接种第一针，15d后接种第二针。经产母猪一般在生产后的10～15d后进行，而公猪可以每年接种一次。

弱毒疫苗（MLV）也可用于预防和控制PPV流行。在食肉动物中接种细小病毒MLV疫苗可以诱导长期免疫反应，并能提供长达几年的免疫保护作用。有文献报道，PPV活病毒疫苗可以预防病毒通过胎盘传播，但接种后经常会出现病毒血症和排毒现象(Paul和Mengeling，1980，1984)。目前主要用NADL-2毒株作为活疫苗毒株，然而还没有用改良毒株作为活疫苗毒株的报道。

而且，需要密切关注新的抗原类型毒株出现和分布。据研究，衣壳蛋白位点突变可以改变抗原特性，减少病毒毒株对商品化疫苗所诱导免疫血清的交叉中和能力（Zeeuw等，2007；Streck等，2013，2015a）。因此，研发可诱导免疫保护时间长并能覆盖猪群中所有流行毒株的新型疫苗，需要克服目前已知的各种疫苗免疫失败的难题。

6.9 新型细小病毒的出现

在其他动物种类中，例如人类和犬科动物，细小病毒被鉴定划分为两个或更多病毒种属，但在猪中，只有原细小病毒属的细小病毒这一种病毒被认定，即通常所说的猪细小病毒（PPV）。但自20世纪90年代以来，随着分子生物技术的发展，几种新型（原型）细小病毒已经被确认。第一个新认定的细小病毒是在缅甸用于研究E型肝炎病毒的血清中发现鉴定的(Hijisaka等，2001)，被命名为猪细小病毒2型（PPV2），最近在肺样品中也能高频率检测到这种病毒。此外，在不同日龄段猪排泄物和新生仔猪的血清或胸液中也能发现这种病毒(Xiao等，2013)。

2008年，在中国香港屠宰的猪只中发现一种与人类细小病毒4型高度相关的病毒(Lau等，2008)。目前，通过系列比对发现，在DNA数据库存在高度同源性（DNA同源率 > 98%）的病毒DNA系列，这些病毒（名字）包括猪Hokovirus、类PARV4型和猪PPV4型。中国香港发现的这种病毒在全球范围内均已被检测到(Adlhoch等，2010；Cadar等，2011；Pan等，2012；Xiao等，2012)，通常被命名为猪细小病毒3型（PPV3）。

2010年，在美国猪圆环病毒感染的猪只中发现了另一种细小病毒，并被命名为猪细小病毒4型（PPV4）(Cheung等，2010)。此后，PPV4在几大洲均有检出 (Huang等，2011，Zhang等，2011；Cságola等，2012；Cadar等，2013；Ndze等，2013)。对美国猪群PPV4流行情况进行研究时，一种新的PPV，即PPV5又被发现，并与PPV4具有高度同源性(图6.5) (Xiao等，2013)。另一种与PPV4和PPV5高度相关的细小病毒在中国境内流产的猪胎儿中发现，并被命名为PPV6 (Ni等，2014)。

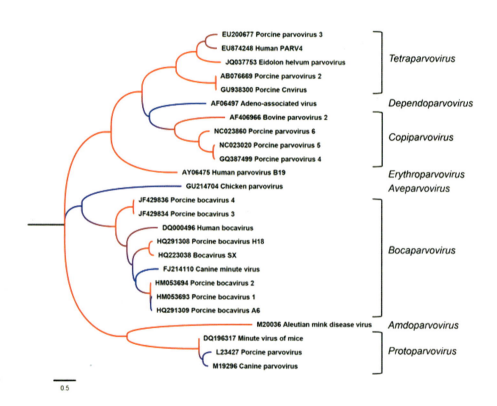

图6.5 猪细小病毒序列系统发育树。采用引导测量法对1 000个序列进行测定，以颜色梯度显示置信度（1为红色；0为蓝色）。采用离散分布Gamma模型计算进化速率差异（5类）。按照突变位点数目等比例计算进化分支长度。采用MEGA7计算进化数据 (Kumer等，2016)

　　最后，在患有断奶应激综合征（PMWS）猪的淋巴结中，发现了猪博卡病毒[PBoV，分类在博卡病毒属（*Bocaparvovirus*）]（Blomström等，2009），随后又陆续发现了PBoV2、PBoV3、PBoV4、PBoV6和PBoV7等新的病毒(Cheng等，2010；Zhai等，2010；Zeng等，2011；Yang等，2012)。

　　尽管已开展了系统性流行病学研究，但是新鉴定的PPV和PBoV毒株是否引起临床症状，目前尚不清楚。但是，由于上述病毒与人类细小病毒基因具有相似性，所以这些病毒对公共卫生安全造成潜在的威胁。表6.1为国际病毒分类学委员会确定的新病毒分类情况。

表6.1　猪细小病毒分类（Streck等，2015a）

病毒	ICTV最新分类
猪细小病毒1	有蹄类原细小病毒1
猪细小病毒2	尚未分类
猪细小病毒3，猪香港病毒，PARV4-样	有蹄类原细小病毒2
猪传染性非典型肺炎病毒	有蹄类原细小病毒3
猪细小病毒4	有蹄类原细小病毒2
猪细小病毒5	尚未分类
猪细小病毒6	尚未分类
猪博卡病毒	猪博卡病毒2、3、4、5

参考文献

7 猪繁殖与呼吸综合征病毒

Porcine Reproductive and Respiratory Syndrome Virus

Alexander N.Zakhartchouk[1*], (Sujit K.Pujhari)[2], John C.S. Harding[3]

翻译：刘芳　封文海；审校：张鹤晓　刘平黄

1 Vaccine and Infectious Disease Organization – International Vaccine Center (VIDO-InterVac), University of Saskatchewan, Saskatoon, SK, Canada.

2 Department of Entomology, Center for Infectious Disease Dynamics, and Huck Institutes of the Life Sciences Millennium Science Complex, Pennsylvania State University, PA, USA.

3 Western College of Veterinary Medicine, University of Saskatchewan, Saskatoon, SK, Canada.

*Correspondence: alex.zak@usask.ca This paper was published with the permission of the Director of VIDO-InterVac, journal series no. 812

https://doi.org/10.21775/9781910190913.07

7.1 摘要

猪繁殖与呼吸综合征病毒（porcine reproductive and respiratory syndrome virus，PRRSV）是一种猪动脉炎病毒，会导致母猪生殖障碍和仔猪呼吸系统疾病。猪繁殖与呼吸综合征是最具经济破坏力的猪病之一，给全球养猪业带来持续性重大威胁。PRRSV不断变异出高毒力毒株，并在世界各地流行。本部分内容中，我们将根据目前研究结果，从病毒分子生物学、病毒与宿主细胞的相互作用、发病机制、诊断程序和流行病学几方面对PRRSV进行简要概述。此外，我们还将概述现有PRRSV疫苗的情况和一种新型疫苗的研发进展。

7.2 历史

猪繁殖与呼吸综合征病毒（PRRSV）是一种相对较新的病毒。20世纪80

年代后期，首次在美国猪群中发现猪繁殖与呼吸综合征（PRRS）。大约10年后，伴随一些未曾报道过的新症状，PRRS在欧洲重新出现。在确定病原前的多年中，PRRSV感染导致的疾病被称为"神秘猪病"（Hill，1990；Reotutar，1989）。该病病原于1991年在荷兰中央兽医学院被首次分离，相隔不久，美国于1992年独立分离得到病原，两个机构分别将分离得到的病原命名为Lelystad病毒和猪不育与呼吸综合征（SIRS）病毒（BIAH-001）（Wensvoort等，1991；Collins等，1992）。目前通常将此病毒称为猪繁殖与呼吸综合征病毒（PRRSV）。分子生物学和血清学数据显示早在1979年该病毒就已在欧洲和加拿大出现（Carman等，1995）。此后，它成为威胁全球养猪业的主要疾病。仅在美国，每年造成的经济损失就可达约6.64亿美元（Holtkamp等，2013）。

7.3 分类

PRRSV与猿猴出血热病毒（SHFV）、小鼠乳酸脱氢酶升高病毒（LDV）、马动脉炎病毒（EAV）以及在澳大利亚散尾负鼠中新发现的负鼠摆动病毒（WPDV）同属于动脉病毒科（*Arteriviridae*）（Baker，2012；Plagemann和Moennig，1992）。动脉炎病毒科的成员与冠状病毒科（*Coronaviridae*）、钩状病毒科（*Roniviridae*）和中套病毒科（*Mesoniviradae*）有关联。前两种感染脊椎动物，后两种分别感染鱼类和昆虫。这些病毒因基因组转录过程中的突出特点是具有巢式（nest）亚基因组信使RNA（subgenomic messeger RNA，sg mRNA），这种特征将它们升级到新的套式病毒目（*Nidovirales*，Nido是nest的拉丁文写法）。根据基因组的大小，套式病毒目可以分为三个进化支：大型套式病毒（26.3～31.7 kb），包括冠状病毒科和钩状病毒科；中型套式病毒（20 kb），包括中套病毒科；小型套式病毒（12.7～15.7 kb），包括动脉病毒科。虽然欧洲和北美分离的PRRSV毒株均引起类似的临床症状，但是由于它们的基因组差异约达40%，人们将它们分为两种类型：PRRSV-1（欧洲分离株，基因Ⅰ型）和PRRSV-2（北美分离株，基因Ⅱ型）（Nelson等，1993；Nelsen等，1999）。欧洲和北美PRRSV代表毒株病毒分别是Lelystad和VR-2332。每种PRRSV都根据基因多样性和毒力、致病性的不同而分为不同亚型和株系。EAV是最典型的动脉炎病毒，但由于PRRSV对经济产生的重要影响，人们对它的研究越来越多。

7.4 PRRSV的分子生物学特征

7.4.1 核衣壳的形态

在电子显微镜下，PRRSV的形状大致为球形或椭圆形。病毒颗粒的直径为50 ~ 74 nm，中值为54 nm。PRRSV的囊膜表面有一些糖蛋白突起，大部分光滑无特点。在正义链RNA [RNA (+)] 病毒中，动脉炎病毒属成员编码的膜上结构蛋白最多，其中PRRSV编码9个囊膜蛋白。病毒RNA与核衣壳蛋白形成直径约39 nm的多形核，它与外部囊膜之间的距离为2 ~ 3 nm (Spilman等，2009)。病毒核衣壳的具体结构将在后文中讨论。

7.4.2 理化性质

蔗糖中PRRSV的浮力密度为1.18 ~ 1.22 g / cm^3，沉降系数为214 ~ 230 S (Yuan等，2004)。PRRSV可以在 − 70℃下长时间稳定保存，但在较高温度下稳定性和传染性均会降低 (Zimmerman等，2010)。在低浓度非离子型洗涤剂溶液中，PRRSV高度不稳定；在pH 6.0 ~ 7.5时，PRRSV相当稳定；当pH过高或过低时，PRRSV会被快速灭活。

7.4.3 基因组结构

PRRSV为单股正义链不分段RNA病毒，基因组5′端具有7-甲基鸟嘌呤帽子，3′端具有Poly(A) 尾巴。病毒RNA本身具有传染性，是多顺反子。美洲型PRRSV（15.5 kb）比欧洲型PRRSV（15.1 kb）的基因组长。在基因组组成上，PRRSV与EAV及LDV具有高度相似性。动脉炎病毒属中，EAV最典型，基因组长度约为12 kb；LDV与PRRSV亲缘关系最近，基因组长度约为14 kb。PRRSV基因组编码至少10个开放阅读框（open reading frames，ORFs），两端分别含有5′和3′非翻译区（untranslated regions，UTR）（图7.1）。欧洲型PRRSV的5′ UTR长度为217 ~ 222个核苷酸（nt），美洲型PRRSV的5′ UTR长度为188 ~ 191 nt；两型PRRSV的3′ UTR长度相近，约为150 nt（欧洲型114 nt，美洲型148 nt）（多腺苷酸化位点除外）（Verheije等，2002；Beerens和Snijder，2007）。

PRRSV的复制酶基因（非结构蛋白基因）编码2个大的ORFs、ORF1a和ORF1b，它们从5′端起占据了基因组的近3/4。通过核糖体移码效应，ORF1a和ORF1b翻译产生2个大的前体多聚蛋白pp1a和pp1ab，以及2个小蛋白NSP 2N和NSP 2TF（Fang等，2012；Snijder等，2013）。随后多聚蛋白被加

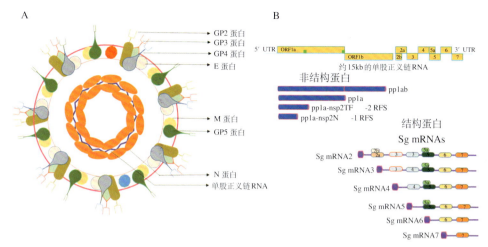

图7.1　PRRSV结构和基因组组成。A. PRRSV病毒颗粒示意图。类球形的病毒颗粒含有源自宿主细胞的脂质双分子层，表面几乎光滑，只有病毒结构蛋白（除N蛋白外）镶嵌形成的微小突起。GP4和GP2调节与其他小病毒膜蛋白相互作用，并与宿主细胞膜CD163受体作用介导病毒进入。病毒囊膜上的GP5和M形成异二聚体复合物并促进病毒的组装过程。囊膜包裹着由病毒基因组RNA和N蛋白形成的内部中空的核衣壳。B. PRRSV基因组为约15 kb的正义链RNA。5′端约3/4的基因通过程序性核糖体移码（programmed ribosomal frameshifting，PRF）效应，编码两种多聚蛋白（pp1a和pp1ab），随后这些蛋白被切割成14种非结构蛋白。此外，通过PRF还可以产生2种蛋白（NSP 2TF和NSP 2N）。其余的基因组编码8种结构蛋白，这些蛋白由含有3′-共末端的套式sg mRNA（sg mRNA2-7）翻译而来

工成16种非结构蛋白，包括蛋白酶、解旋酶和RNA依赖性RNA聚合酶（表7.1）。ORF1终止密码子之前的-1位程序化核糖体移码（programmed ribosomal frameshift，PRF）介导ORF1b翻译产生pp1ab蛋白。ORF1a中间的某个位置出现的另一个-1 PRF介导截短的pp1a蛋白表达，称为NSP 2N；此外，最近发现了一个-2 PRF，它可以介导产生类似于NSP 2N的短TF蛋白，此蛋白增加了一个跨膜结构域。在VR-2332中，介导NSP 2N和NSP 2TF蛋白产生的PRF对应的核糖体滑落序列分别位于基因组位置的3889 nt和7695 nt。

　　基因组的其余部分编码8个相对较小的基因。所有结构蛋白均由亚基因组（sg）mRNA翻译，这些sg mRNAs是来自原始基因组的具有相同5′-前导序列的一组转录本（套式病毒目的特征）（van Marle等，1999）。ORF2编码GP2蛋白；ORF3～ORF5分别编码糖蛋白3～5（GP3～GP5）；ORF6编码膜蛋白（M）；ORF7编码核衣壳蛋白（N）。ORF2和ORF5均为双顺反子，它们还分别产生蛋白2b（E）和5a（Wu等，2001；Johnson等，2011）。除N蛋白外，结构蛋白均分布于病毒囊膜上。GP2、GP3和GP4形成次要糖蛋白复合物（异

源三聚体），该复合物在病毒进入过程中发挥功能（Wissink 等，2005）。GP5 与 M 由二硫键连接形成异二聚体，共同构成病毒的主要糖蛋白复合物（Van Breedam 等，2010）。

表7.1　PRRSV 蛋白及其功能

蛋白名称	ORFs	氨基酸数量（个）		功能
		欧洲型毒株	美洲型毒株	
非结构蛋白				
NSP 1α	ORF1a	180	180	蛋白酶（PLP1α）；锌指蛋白；sg mRNA 合成调节蛋白；抑制 IFN；同时分布于细胞核与细胞质
NSP 1β		205	203	蛋白酶（PLP1β）；调节 NSP 2TF 的产生；抑制 IFN；抑制宿主 mRNA 的核质转运
NSP 2		1060	1196	具有去泛素化活性的蛋白酶（PLP2）；DMV 形成；抑制 IFN；组装入病毒粒子
NSP 3		230	230	整合膜蛋白；DMV 形成
NSP 4		203	204	主要蛋白酶（3C 样丝氨酸蛋白酶）；抑制 IFN；诱导凋亡
NSP 5		170	170	整合膜蛋白；DMV 形成
NSP 6		16	16	？
NSP 7α		149	149	与 NSP9 互作；病毒 RNA 合成
NSP 7β		120	110	？
NSP 8		45	45	？
NSP 2TF	ORF_TF	883	1019	下调猪白细胞抗原 I；含 PLP2 结构域
NSP 2N		714	850	潜在的固有免疫拮抗物；含 PLP2 结构域
NSP 9	ORF1b	645	646	RNA 依赖的 RNA 聚合酶（RdRp）；病毒转录和复制
NSP 10		442	442	RNA 解旋酶/NTP 酶；推定的锌结合域；sg mRNA 合成发挥作用
NSP 11		224	223	套式病毒尿嘧啶特异核糖核酸内切酶（NendoU）；抑制 IFN
NSP 12		152	153	与细胞内分子伴侣互作
结构蛋白				
GP2	ORF2a	249	256	小的完整囊膜蛋白；对病毒感染性至关重要；以多聚体形式组装入病毒粒子；病毒黏附蛋白；抗凋亡活性
E	ORF2b	70	73	次要的非糖基化和肉豆蔻基化蛋白；具有类似离子通道的特性；对病毒的感染性至关重要；诱导凋亡
GP3	ORF3	265	254	次要糖蛋白，被 N- 连接的寡糖高度糖基化，是 GP2/GP3/GP4 异三聚体的一部分

（续）

蛋白名称	ORFs	氨基酸数量（个）		功能
		欧洲型毒株	美洲型毒株	
GP4	ORF4	183	178	次要糖蛋白，被高度糖基化（四个N-连接糖基化位点）；GP2/GP3/GP4异源三聚体的一部分；病毒附着蛋白
GP5	ORF5	201	200	主要结构蛋白；GP5/M异二聚体对病毒组装至关重要；与病毒进入宿主细胞有关
GP5a	ORF5a	43	51	与RNA结合有关
M	ORF6	173	174	主要的非糖基化结构蛋白；整合膜蛋白；对病毒组装和出芽很重要；是GP5/M异二聚体的一部分
N	ORF7	128	123	基因组包装；位于核/核仁中；可能是干扰素拮抗物

7.4.4 基因组转录与复制

在已知的正义链RNA病毒中，PRRSV所属的套式病毒目病毒的转录和复制过程最为复杂：其基因组为大型多顺反子RNA，使用-1PRF和-2PRF来产生新的功能性蛋白；此外，通过不连续的巢式转录策略，转录出具有相同3′-末端sg mRNA（Gorbalenya等，2006；van Hemert等，2008）。与其他正义链RNA病毒相同，PRRSV在细胞质中复制。而病毒的NSP1和N蛋白在核和细胞质之间穿梭（Rowland等，2003），这种穿梭的生物学功能还有待研究。PRRSV进入易感细胞后，病毒基因组被释放到细胞质并充当mRNA（Delrue等，2010）翻译pp1a和pp1ab两个大的非结构多聚蛋白，这些蛋白是病毒复制转录复合体（replication and transcription complex，RTC）的重要组成部分。此外，病毒基因组RNA可用于产生负义链RNA，为其基因组复制提供模板（图7.2）（Kappes和Faaberg，2015）。

病毒的早期非结构蛋白组装成酶复合物——病毒的复制和转录复合体，该复合体介导病毒RNA的合成，与病毒诱导的双层膜囊泡（double membrane vesicles，DMV）定位于受感染细胞的核周空间，也就是病毒RNA合成的地方。DMVs是在预测的病毒跨膜蛋白NSP2、NSP3和NSP5的作用下，由内质网膜衍生而来（Pedersen等，1999）。除病毒蛋白外，细胞蛋白也可能在膜重排的过程中发挥重要作用，此过程还有待研究。保守的ORF1b编码核心的复制元件：RNA依赖性RNA聚合酶（RdRp；NSP9），锌结合结构域（ZBD；NSP10），RNA解旋酶（NSP10）和保守的套式病毒目尿苷酸特异性核酸内切酶（NendoUorU；NSP11）（Ulferts和Ziebuhr，2011）。现有研究证明，PRRSV

基因组其他蛋白每翻译6次，ORF1b（NSP9～12）翻译1次，这种比例是因为NSP9～NSP12仅在病毒复制过程中发挥作用（Kappes和Faaberg，2015）。动脉炎病毒的RdRps缺乏3′端校对能力，使其基因组容易发生突变，造成动脉炎病毒具有很高的进化速率，每年为（4.71～9.8）×10^2个/同义位点（Hanada等，2005）。

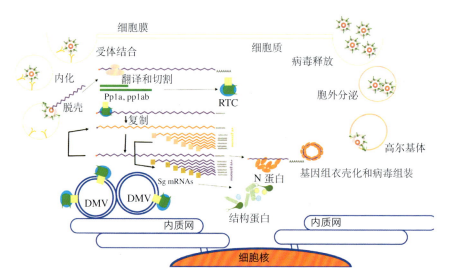

图7.2　PRRSV生活周期。病毒通过受体介导的内吞作用进入细胞。脱衣壳后，病毒非结构蛋白（pp1a和pp1ab）直接由基因组翻译，并在双层膜囊泡上组装成复制和转录复合体（RTC）。RTC产生全长和亚基因组长度的负义链RNA。这些负义链RNA成为全长正义链基因组RNA和非结构蛋白合成的模板，而新合成的正义链RNA成为亚基因组RNA和结构蛋白产生的模板。新合成的基因组RNA被包装到核衣壳中，并与高尔基体中的其他结构蛋白一起被囊膜包裹。最后，病毒通过胞吐作用释放

7.4.5　Sg mRNA和异质RNA

sg mRNA和异质RNA（heteroclite RNA）的产生是PRRSV进入复制周期的标志。从结构上讲，sg mRNA具有一个可编码来源于病毒基因组3′端基因的"主体"（body）和一个来源于病毒基因组5′ UTR区的共同"前导序列"（leader sequence）（de Vries等，1990）。前导序列含有转录调节序列（transcription regulatory sequences，TRS），这一特征与冠状病毒相同。PRRSV可产生6个编码病毒结构蛋白的sg mRNA(sg mRNA2～7)。所有sg mRNAs(sg mRNA7除外)基因组成上均为多顺反子，但是功能上为单顺反子。sg mRNA2和sg mRNA 5是双顺反子（sg mRNA2产生GP2和E；sg mRNA5产生GP5和5a）。这些sg mRNA的合成方式为从3′末端不连续地合成，并通过易位加入5′

端前导序列（Lin等，2002；Meng等，1996）。

PRRSV会产生一种有缺陷的干扰RNA分子，即异质RNA（heteroclite RNA）。它由不包括3′ UTR与5′ UTR的基因组3′末端短序列和ORF1a的5′端短序列组成。异质RNA上拥有一段相同的序列（nt 191-476），随着ORF1a长度的变化，异质RNA拥有不同的长度，被分类为S1-9（Yuan等，2000；Yuan等，2004）。异质RNA上存在一段35 nt的片段，此片段上具有可与核衣壳蛋白互作的包装信号，促进异质RNA与基因组RNA一起被包装入病毒颗粒中（Baig和Zakhartchouk，2011）。因为可以在所有感染状态下检测到异质RNA，且人们认为异质RNA是造成宿主对抗PRRSV的免疫反应较弱和延迟的原因，所以异质RNA分子的产生是PRRSV生活周期中的关键部分（Yuan等，2000）。

7.4.6 核衣壳和RNA包装

PRRSV核衣壳的形状主要受外部囊膜形状的影响，是多形的，由两层总厚度10 ～ 11 nm的壳组成，核心有一个大的中央空腔。N蛋白包裹病毒RNA形成核衣壳。N蛋白的C端包含一个二聚化结构域，促进N蛋白形成同型二聚体。在核心，N蛋白的N末端含有带正电荷的残基（35 ～ 51位氨基酸），与病毒RNA相互作用（图7.3）（Wootton等，2002；Yoo等，2003）。中间夹有病毒RNA的两层N蛋白同源二聚体形成一条扭曲的链之后，捆成一个松散的内部留有孔的球形核（Spilman等，2009）。

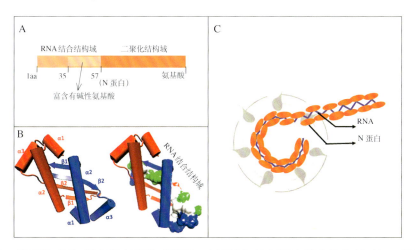

图7.3　核衣壳（N）蛋白和衣壳组成模型。A.N蛋白包含RNA结合结构域（1 ～ 57位氨基酸）和二聚化结构域（57 ～ 123位氨基酸）。RNA结合结构域的一部分富含与病毒RNA基因组互作的碱性氨基酸（35 ～ 57位氨基酸）。B. N蛋白的同源二聚体3D结构。每个链包括3个 α 螺旋和2个 β 折叠（如模式图所示）（左）；表面结构图（右）突出显示RNA结合氨基酸（35 ～ 57位氨基酸）。C.病毒核衣壳组成示意图

7.5 PRRSV的细胞生物学特征

7.5.1 细胞噬性和受体

PRRSV具有严格的细胞噬性。在体内，PRRSV会感染单核细胞/巨噬细胞系来源细胞，例如肺、淋巴组织和胎盘中的巨噬细胞；在体外，该病毒可以在非洲绿猴肾细胞系MA-104及其衍生细胞中复制，例如MARC-145和CL-2621（Kim等，1993；Mengeling等，1995）。此外，PRRSV可以感染单核细胞或骨髓来源的猪树突状细胞，但不能感染肺部树突状细胞（Loving等，2007）。

病毒感染细胞的过程由多种因子调控。首先，PRRSV通过硫酸乙酰肝素在细胞表面进行低亲和力附着（Delputte等，2002）。之后，病毒GP5/M蛋白复合物与CD169（唾液酸黏着蛋白）的N端部分结合，从而启动受体介导的依赖于克拉瑞汀（claritin）的内吞作用（Delputte等，2007）。病毒颗粒被转运到早期内体后，病毒基因组借助酸化和清道夫受体CD163被释放到细胞质中（Welch和Calvert，2010）。此外，组织蛋白酶E在此过程也发挥一定作用（Misinzo等，2008）。CD163的富含半胱氨酸结构域5与病毒的GP2和GP4蛋白相互作用（Das等，2010；Van Gorp等，2010）。当过表达猪CD163时，几种不感染PRRSV的细胞可被PRRSV感染并产生感染性PRRSV粒子（Welch和Calvert，2010）。而通过敲除CD163而非CD169，可使猪对PRRSV具有抗性（Prather等，2013；Whitworth等，2016）。这些数据表明，CD163受体是PRRSV体内感染过程中的关键分子。在其他可能的PRRSV受体中，猿猴波形蛋白和CD151可能在PRRSV感染MARC-145细胞的过程中发挥作用（Kim等，2006；Shanmukhappa等，2007）。

7.5.2 病毒-宿主细胞相互作用

由于病毒自身的资源有限，它们会探寻宿主的元件来供自身繁殖和存活，并按自己的"喜好"操控不同的宿主信号通路。PRRSV可以通过编码与宿主蛋白互作的病毒蛋白，操纵宿主多种信号通路（表7.2），以促进自身感染，并对抗宿主抗病毒免疫反应。

表7.2　PRRSV调控的细胞信号通路

信号通路	参考文献
细胞外信号相关激酶（ERK）	Lee和Lee（2010）
磷脂酰肌醇-3-激酶（PI3K）/Akt	Zhang和Wang（2010）；Zhu等（2013）
c-Jun N-末端激酶（JNK）	Yin等（2012）

（续）

信号通路	参考文献
未折叠蛋白反应（UPR）；P53	Huo等（2013）
维甲酸诱导基因 I（RIG-I）；AP-1	Lou等（2008）
Toll样受体	Chaung等（2008）
凋亡	Lee和Kleiboeker（2007）；Costers等（2008）
自噬	Liu等（2012）
mTOR	Pujhari等（2014）
NF-κB	Lee和Kleiboeker（2005）；Fu等（2012）
IFN-I反应	Albina等（1998）
肿瘤坏死因子TNF-α	López-Fuertes等（2000）
miRNA	Hicks等（2013）

　　一部分N蛋白可通过核及核仁定位序列靶向感染细胞的核仁（Rowland等，2003）。一旦进入细胞核，PRRSV N蛋白就会与宿主细胞原纤维蛋白和核仁素蛋白相互作用，并可能参与细胞周期调节（Yoo等，2003）。而且，人们发现N蛋白还可与含有I-mfa结构域的人HIC蛋白同源物（锌结合转录调控分子）相互作用（Song等，2009），这表明N蛋白可调节被感染细胞的转录。此外，N蛋白与NSP9一起与细胞DHX9互作，从而调节病毒RNA的合成（Liu等，2016）。

　　2012年，Jourdan等用细胞培养基中同位素稳定标记氨基酸法（SILAC）定量分析蛋白质，从而构建了N蛋白的互作图谱。该图谱包括许多细胞蛋白，其中绝大多数为与形成翻译起始复合物和剪接有关的蛋白。此外，Sagong和Lee（2010）在表达N蛋白的PAM细胞中鉴定差异表达的细胞蛋白。他们发现了15种差异显著的蛋白质，对它们进行功能分类可知，这些蛋白参与如细胞分裂、代谢、炎症、应激反应、运输等多种生物过程。同样，Liu等（2015）鉴定出PARP-1是N蛋白的一种细胞互作因子，发现这种互作对病毒复制至关重要。

　　Wang等在研究中（2014a），用NSP 2编码区插入Myc标签的重组PRRSV毒株感染MARC-145细胞，以抗Myc抗体免疫共沉淀法获得与NSP2相互作用的宿主细胞蛋白，之后通过液相色谱-串联质谱法（LC-MS／MS）鉴定出285种与NSP2互作的细胞蛋白。对互作蛋白进行功能分析可知，它们与传染性疾病、翻译、免疫系统、神经系统和信号转导相关。通过免疫共沉淀法验证了NSP2与两种细胞蛋白[BCL2相关的致癌基因6（BAG6）和凋亡诱导因子1（AIF1）]之间的互作。其他两项NSP2互作蛋白的研究中（Song等，2016；

Xiao等，2016），研究者发现，NSP2可与包括14-3-3、CD2AP和波形蛋白在内的许多细胞蛋白相互作用。

另有研究证明（Dong等，2014），NSP9可与细胞内的视网膜母细胞瘤蛋白（pRb）相互作用。研究显示，PRRSV感染的MARC-145细胞中pRb表达被下调，NSP9可促进pRb的降解。而研究者在293T细胞中过表达NSP12-EGFP融合蛋白，通过定量蛋白质组学和免疫沉淀分析，确定了与NSP12相互作用的蛋白质（Dong等，2016）。共鉴定出约100种与NSP12互作的细胞蛋白，并验证了其与HSP70的相互作用。这些数据表明病毒蛋白和细胞蛋白之间存在相互作用，并且这些相互作用对于PRRSV复制和致病性非常重要。

7.5.3 调控凋亡

宿主可通过凋亡机制清除被病毒感染的细胞，因而有些病毒已进化出抑制或推迟细胞凋亡的策略。在感染早期，PRRSV可激活细胞抗凋亡通路（Costers等，2008）。稳定转染GP2编码基因的MARC-145细胞中，星形孢菌素诱导的凋亡被抑制，表明GP2具有潜在的抗凋亡作用（Pujhari等，2014a）。

此外，病毒还可通过诱导细胞凋亡以促进自身传播并逃逸宿主免疫反应。在感染后期，PRRSV可引起凋亡（Costers等，2008）。PRRSV的NSP4和NSP10是促凋亡蛋白，NSP4通过调控Bcl-2家族蛋白的促凋亡和抗凋亡功能诱导凋亡，而NSP10通过激活caspase-8和Bid诱导细胞凋亡（Ma等，2013；Yuan等，2016）。E蛋白可通过激活caspase-3诱导细胞凋亡，虽然已证明E蛋白与某些线粒体蛋白之间的互作会导致宿主细胞中ATP水平降低，但其促进凋亡的确切机制有待进一步研究（Pujhari和Zakhartchouk，2016）。

7.5.4 抑制 I 型干扰素反应

宿主的抗病毒防御包括识别和清除入侵病毒两部分。Toll样受体（TLR）和维甲酸诱导基因I（RIG-1）均可识别双链RNA。TLR3的激活可促进受体的二聚化并招募含有TIR结构域的诱导干扰素 β 接头分子（TRIF），之后信号复合物的组装和级联反应被启动，干扰素调节转录因子3（IRF3）和IRF7被磷酸化激活。RIG-1可激活IFN启动子刺激物1（IPS-1），然后IPS-1通过信号转导，诱导IRF3 / 7、NF- κ B和AP-1活化。一旦激活，这些转录因子就会转移到细胞核，并与CREB结合蛋白（CBP）一起诱导I型IFN基因的转录。

IFN产生后会被分泌到细胞外与IFN受体结合，使与受体相连的JAK1激酶被磷酸化并激活，招募信号转导和转录激活子1（STAT1）和STAT2。磷酸化的STAT1和STAT2与IRF9一起形成IFN刺激基因因子3（ISGF3）复合物。

之后，ISGF3进入核中，诱导数百种干扰素刺激基因（ISGs）的转录。

PRRSV可通过抑制RIG-I通路（Luo等，2008），抑制IFN-α（Lee等，2004；Miller等，2004）和IFN-β（Overend等，2017）反应。现已经鉴定出5种可拮抗IFN的PRRSV蛋白（表7.3）。

表7.3　PRRSV编码的IFN-I拮抗蛋白及其功能机制

病毒蛋白	作用机制	引用文献
NSP1α	降低IFN启动子活性	Chen等（2010）
	结合并介导CBP降解	Kim等（2010）
	抑制NF-κB信号转导	Song等（2010）
NSP1β	抑制IFN启动子活性	Chen等（2010）
	抑制IRF3磷酸化和核转运	Beura等（2010）
	抑制宿主细胞mRNA的输出	Han等（2017）
	阻止STAT1/STAT2转运	Patel等（2010）
	诱导核蛋白-α1降解并阻断ISGF3转运	Wang等（2013）
NSP2	抑制IRF3磷酸化和核转运	Li等（2010）
	通过抑制IκB降解抑制NF-κB活化	Sun等（2010）
	抑制ISG15的生产和ISG15介导的ISGylation	Sun等（2012）
NSP4	抑制IFN-β的产生	Chen等（2014）
	通过切割NEMO抑制NF-κB信号传导	Huang等（2014）
	切割IPS-1	Huang等（2016）
NSP11	抑制IFN启动子活性	Shi等（2011）
	通过切割IPS-1mRNA抑制NF-κB和RIG-I信号传导	Sun等（2016）
N	抑制IRF3磷酸化和核转运	Sagong和Lee（2011）

7.5.5 细胞膜重排

PRRSV感染可引起双层膜囊泡（DMV）的形成，病毒复制和转录复合物（RTC）定位于其中（Pedersen等，1999）。DMV和卷曲膜的形成是细胞感染动脉炎病毒的标志性特征（Knoops等，2012）。人们认为具有膜跨度结构域的病毒非结构蛋白，如NSP2、NSP3和NSP5，是引起这种膜重排的原因（Fang和Snijder，2010），但是，DMV的确切形成机制尚未阐明。由于PRRSV可通过诱导自噬来促进自身复制（Liu等，2012），研究者认为DMV也可能类似于自噬体。

7.6 PRRSV致病性

PRRS的临床特征包括两类：母猪的生殖障碍和仔猪的呼吸系统疾病（表7.4）。2006年在中国出现的高致病性PRRSV（HP-PRRSV）可引起更严重的临床症状（专栏7.1）。

表7.4 PRRS的临床症状

猪	临床症状
母猪	抑郁和嗜睡；低热；咳嗽和呼吸道症状；耳朵和外阴发绀；妊娠后期流产；出生小型，虚弱，死胎和木乃伊胎；妊娠困难，返情延迟
公猪	抑郁和嗜睡；低热；体重下降；缺乏性欲和精液质量下降
断奶前仔猪	天生体弱；出生第1周死亡率增加；结膜和眼睑肿胀；进食减少和两腿软弱导致消瘦、木讷；呼吸道和全身性并发感染的敏感性增加
断奶猪	嗜睡和厌食；呼吸困难和间质性肺炎；平均日增重和饲料转化率降低；死亡率增加；继发感染增多（呼吸道和全身性感染）

PRRSV对分化的巨噬细胞（CD169$^+$且CD163$^+$）具有特定的嗜性，并可引起猪的持续感染（Wills等，1997b）。在血液中，可以长时间检测到该病毒，病毒血症的时间很大程度上取决于毒株和猪的年龄。在仔猪中，病毒血症可能会持续数周（最多90d），而在成年猪中可能只持续数天。病毒血症后，PRRSV可以在体内，尤其是在扁桃体和其他淋巴组织中存在数周。虽然大多数猪感染后，可在120d内清除PRRSV（Batista等，2002），但有些猪可能会持续感染数月，且从扁桃体中分离得到病毒的时间可长达感染后105d（Horter等，2002）。

专栏7.1 高致病性PRRSV的临床症状

高热

抑郁、厌食和嗜睡

呼吸系统疾病：咳嗽和呼吸困难

结膜炎

充血或四肢发绀

出血性病变：肺、肝、肾和淋巴结

继发性细菌感染概率增加

流产（40%）

高死亡率（20%～100%）

　　PRRSV最初在肺泡巨噬细胞中复制，之后通过血液传播到胎盘、淋巴器官（如扁桃体和淋巴结）和一些其他组织。该病毒感染会破坏巨噬细胞功能，常见的呼吸道病变为引起炎性细胞浸润并导致间质性肺炎，相关淋巴结肿大等；在母猪的子宫和公猪的睾丸中，显微镜下可观察到病变。PRRSV可通过诱导巨噬细胞凋亡（Lee和Kleiboeker，2007；Costers等，2008）和诱导炎性细胞因子产生等多种机制使产后猪表现出一些临床症状和组织损伤（Peng等，2009）。

　　在妊娠母猪中，PRRSV可在妊娠后期的子宫内膜中复制并引起严重的血管炎（Harding等，2017；Karniychuk和Nauwynck，2013），且在感染组织之前可迅速穿过母体子宫上皮和胎儿滋养细胞层（Suleman等，2018）。虽然受损害的胎儿窝聚在一起，但胎儿死亡的确切机制尚不完全清楚。可能的原因包括胎儿植入位点细胞的凋亡，胎盘分离，促炎细胞因子表达，胎儿缺氧以及该病毒对胎儿组织的其他直接影响等（Karniychuk等，2011；Ladinig等，2015；Novakovic等，2016，2017；Wilkinson等，2016；Harding等，2017）。最近的研究表明，胎儿易感性的差异可能与胎儿基因组中多个区域的基因多态性有关（Yang等，2016）。

　　PRRSV感染免疫系统细胞的特点，易引起患病动物的继发感染，造成更严重的疾病。PRRSV是猪呼吸道疾病综合征（PRDC）的最常见感染因子，此综合征为多因素引起的生长猪呼吸系统紊乱疾病，特征为厌食、生长缓慢、发热、咳嗽和呼吸困难。在PRRSV和猪肺炎支原体并发感染（Thacker等，1999）、PRRSV和支气管败血波氏杆菌并发感染（Brockmeier等，2000）的猪中，临床症状更加严重。此外，同时感染PRRSV和2型猪圆环病毒（PCV-2）的猪比单独感染其中之一的猪表现出更严重的临床症状和肺部病变（Allan等，2000）。而且，PRRSV感染会加剧猪呼吸道冠状病毒引起的炎症反应（Renukaradhya等，2010）。

7.6.1　PRRSV引起免疫功能异常

　　PRRSV会抑制固有免疫反应。在感染PRRSV的猪血清和肺分泌物中干扰素α（IFN-α）水平极低（Albina等，1998b）。此外，PRRSV可抑制被感染巨噬细胞中肿瘤坏死因子-α（TNF-α）的产生（López-Fuertes等，2000），但不同毒株之间差异很大（Gimeno等，2011）。有些PRRSV毒株能够诱导白介素10和转化生长因子β等调节性细胞因子的表达（Chung和Chae，2003；Silva-Campa等，2012）。某些PRRSV毒株感染自然杀伤（NK）细胞后，可显著抑制其细胞毒性作用（Renukaradhya等，2010）。现已证明PRRSV可感染单核细胞或骨髓来源的猪树突状细胞（Loving等，2007），导致MHC I和MHC II的表达减少，并通过凋亡和坏死来杀死细胞（Rodríguez-Gómez等，2013）。在以上调节作用的影响下，机体针对PRRSV的体液免疫和细胞介导的免疫反应均受损以及被延迟。

机体在PRRSV感染后5d即可检测到针对PRRSV的抗体，但这些早期抗体主要针对N蛋白，不具有病毒中和活性。病毒中和抗体（Virus-neutralizing antibodies，VN）可以在1个月左右或更晚的时候才可检测到。但是相比于其他病毒而言，PRRSV引起的VN滴度通常较低（Loemba等，1996）。

PRRSV感染可导致分泌干扰素γ（IFN-γ）的细胞缓慢、不稳定和低频率地产生。分泌IFN-γ的细胞主要为CD4$^+$CD8$^+$细胞，以及一些CD4/CD8α β$^+$细胞毒性T细胞（Meier等，2003）。此外，PRRSV可使具有免疫抑制作用的Foxp3$^+$调节性T细胞的比例增加（Silva-Campa等，2012）

7.7 PRRSV诊断

在猪群内和猪群间，PRRSV感染严重性的差异可能非常大，从缺乏临床症状到毁灭性暴发不等。因此，仅基于临床症状来诊断猪群PRRSV感染将非常复杂甚至出现错误。当PRRSV阳性农场的猪再次感染PRRSV异源毒株时，这种诊断的不可靠性尤其突出。群体水平的诊断应综合评估如生产记录、临床病史、临床症状、血清学、病理学和病毒学检测等多方面情况。

标准畜群生产记录中记录的许多生殖参数的变化，例如妊娠后期流产和早产的增加，以及一胎中同时出现弱仔、死胎和木乃伊胎的增加，都提示着生殖障碍型PRRS的出现。同样，哺乳仔猪断奶前死亡率上升，非抗生素引起的新生儿腹泻及呼吸系统问题，尤其是呼吸困难的增加，表明猪群中可能发生了子宫内PRRSV传播。在地方性流行的猪群中，由自然感染、疫苗接种或两者兼而有之引起的预先存在的免疫力通常可以预防胎盘感染，这种被动免疫力通常可以保护猪至6～8周龄。母源抗体下降后暴露于PRRSV的仔猪会被感染，该感染可能是无症状的，也可能表现为呼吸道症状，其严重程度取决于PRRSV毒株种类和其他呼吸道病原体的存在与否。

实验室诊断对于确认PRRS感染是必需的。被广泛用于检测或分离血清或组织中病毒的试验方法包括免疫组织化学（IHC）、免疫荧光试验（IFA）、逆转录-聚合酶链式反应（RT-PCR；常规和定量）。可以用猪肺泡巨噬细胞和非洲猴肾细胞系的亚系（CL-2621和MARC-145）分离病毒。而由于细胞病变效应（通常在1～5d内发生）并不总是能够出现，因此通常需要通过RT-PCR、

IHC 或 IFA 确认病毒是否分离成功。人们通常通过分析 PRRSV 基因组的 ORF5 序列来鉴定毒株种类以及进行流行病学研究。

酶联免疫吸附试验（ELISA）、免疫过氧化物酶单层试验（IPMA）、间接免疫荧光试验（IFA）和病毒/血清中和试验（VNT 或 SNT）等方法常被用于检测病毒特异性抗体。ELISA 是最常用的方法，因为与其他试验方法相比，它易于操作、快速且便宜。然而目前，还没有能够区分野生型病毒和改造的弱毒疫苗的血清学方法。最近，口腔液样本检测已被评估，可作为血清学检测的替代（Langenhorst 等，2012）。

7.8 PRRSV 流行病学特征

PRRSV 的来源尚不清楚，有人提出它可能来自野猪（Plagemann，2003）。目前，大多数国家都有 PRRSV 感染发生，以流行和地方性感染形式存在。PRRS 被认为是给全球养猪业带来最大经济损失的疾病之一，据估计，其每年在美国造成的经济损失达 6.64 亿美元（Holtkamp 等，2013）。此外，2006 年在中国出现的高致病性毒株，在短短几个月内影响到 200 万多头猪，感染猪群的死亡率为 20%～100%。

如前所述，PRRSV 有两种不同的基因分型（Adams 等，2016）：PRRSV-1（欧洲型，Lelystad virus 为代表毒株）和 PRRSV-2（美洲型，VR-2332 为代表毒株）。高遗传多样性是 PRRSV 的重要特点。基于 ORF5 序列，人们在两个基因型中均已鉴定出不同亚型或进化枝的 PRRSV。PRRSV-1 包括至少 4 种不同的亚型，而 PRRSV-2 包括 9 系分离株（Shi 等，2010）。

目前，两型 PRRSV 都在世界范围内传播。除了澳大利亚、新西兰、斯堪的纳维亚半岛、瑞士和一些南美国家以外，几乎所有的生猪养殖国家中都存在至少一种类型 PRRSV 的感染。两型 PRRSV 的毒力不同，每型 PRRSV 内的不同亚型和分离株的毒力也有所不同；在中国出现并在亚洲其他国家迅速传播的高致病性 PRRSV-2 毒株，以及从白俄罗斯农场分离出的高致病性 PRRSV-1 毒株是具有极强毒力的毒株（Karniychuk 等，2010）。

7.9 猪群间传播

在畜群之间疾病传播最公认的途径是使用受污染的精液或引入被感染的动物。图 7.4 为已报告的猪群感染 PRRSV 来源分类图（Le Potier 等，1997）。在距实验感染农场约 9km 处可通过空气过滤捕获病毒，这表明 PRRSV 可以通过气溶胶传播，且说明污染的气溶胶可能在区域性传播中发挥重要作用（Otake等，2010）。然而，气溶胶的传播具有毒株特异性（Cho等，2007），且取决于气象条件（Hermann等，2007）。

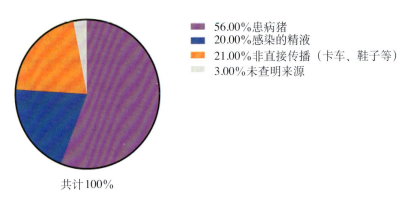

共计100%

图7.4　估计的法国猪群PRRSV感染来源（Le Potier等，1997）

实验证明，PRRSV可通过家蝇和蚊子传播。虽然该病毒可以在昆虫的外表面上短期存活，但其在昆虫中的主要储存场所为昆虫的胃肠道（Rochon等，2015）。啮齿动物（小鼠和大鼠）体内并不储存该病毒（Hooper等，1994）。野鸭易受PRRSV感染，并且其粪便中的病毒排出时间可长达实验性感染后39d（Zimmerman等，1997）。

7.9.1　猪群内传播

被感染的猪可能会持续较长时间通过多种途径排出病毒，主要为鼻分泌物、唾液和精液，病毒较少存在于乳腺分泌物，极少存在于尿液和粪便（Wills等，1997a）。感染不同毒株的患病猪排毒数量和排毒时间差异很大。总体而言，长时间的病毒血症和持续感染增加了PRRSV传播的可能性。先天感染的仔猪是PRRSV的重要贮藏库，它可以将病毒传播给同窝仔猪或其他易感猪群，因此在制订有效的PRRS控制策略时必须加以考虑。

7.9.2　PRRSV疫苗

美国于1994年发布了第一株PRRSV商业疫苗。然而，尽管使用了这种疫苗及随后出现的疫苗，PRRSV仍然给养猪业带来巨大的经济损失。开发有效PRRSV疫苗的障碍包括病毒的高度遗传多样性、宿主免疫系统的调节、诱饵表位和糖基化修饰表位干扰中和抗体产生、对保护相关因素的了解不全，以及缺乏预测疫苗保护效力的参数等（Kimman等，2009；Murtaugh和Genzow，2011；Vu等，2016）。

7.9.3　PRRSV弱毒疫苗

目前，至少有10种已获许可的PRRSV活毒（MLV）疫苗在世界各国使用。人们通过在细胞上多次传代致弱病毒的方法开发MLV疫苗。在此过程中，病毒逐渐积累突变以适应自身在新的宿主细胞中更好地生长，同时减弱了在猪体内的毒力。几乎所有PRRSV MLV疫苗都是通过在非洲绿猴肾细胞上传代而来。只有Fostera PRRS MLV疫苗（美国新泽西州佐伊提斯动物健康公司研发）是通过在表达CD163的猪和仓鼠细胞系中传代而来。致弱的PRRSV疫苗株可感染肺、淋巴组织和胎盘，并可通过接触与精液传播。因此，不允许在PRRSV阴性的猪群、妊娠母猪群及种公猪群中使用MLV疫苗。

尽管MLV引起的免疫反应被延迟且相对较弱，但MLV仍可诱导接种猪产生中和抗体和细胞介导的免疫反应（Meier等，2003；Zuckermann等，2007）。这种免疫力的持续时间至少为4个月，与育龄期或妊娠期时间大致相当。

虽然MLV疫苗不能完全保护猪群使之不被PRRSV感染，但是其可减轻疾病的影响。在育肥猪中，接种MLV疫苗可以减轻病毒血症、呼吸道症状、肺部病变（Park等，2014）。而且，接种疫苗可以减少感染的育肥猪群排放野生型PRRSV（Linhares等，2012），并保护仔猪免受HP-PRRSV致命性的攻击（Tian等，2009）。在受PPRSV感染的母猪中，接种MLV疫苗有助于减少流产、增加产仔率和提高断奶仔猪的数量（Alexopoulos等，2005）。

人们普遍认为，MLV疫苗可对同型PRRSV毒株提供完全保护，对不同型毒株的保护效力存在差异（Murtaugh和Genzow，2011）。不能简单地通过遗传相似性预测某一疫苗或某一野生毒株对另一种毒株的保护作用（Prieto等，2008）。

作为活毒疫苗，PRRSV MLV疫苗可能存在返强的安全隐患。已有证据表明存在商业MLV疫苗恢复致病表型且存在与野外毒株重组的可能性（Bøtner等，1997；B.Li等，2009a）。因此，仍然需要研发更安全有效的MLV疫苗。

7.9.4　改进PRRSV MLV疫苗的策略

人们已经开始采用多种策略来拓宽PRRSV MLV疫苗的交叉保护效力。所有这些研究都是在PRRSV全长感染性克隆产生之后进行的（Nielsen等，2003；Lee等，2005）。Wang等用一个毒株的5′ UTR / ORF1与另一个毒株的ORF2-7 / 3′ UTR连接，构建了嵌合重组病毒（Wang等，2008）。使用相似的方法，有研究者分别用两个韩国野生分离株的ORF 3-4和ORF5-6取代原有毒株相应基因，构建了PRRSV嵌合病毒。嵌合病毒具有更广泛的交叉保护范围，对两株异源毒株的攻毒产生保护（Shabir等，2016）。

另一种提高MLV疫苗交叉保护效力的方法是对编码结构蛋白的病毒基因进行DNA改组（DNA shuffling）。在体外，通过DNA改组进行分子育种可快速产生重组体。研究人员用DNA酶I消化来自6个亲本PRRSV毒株的ORF3、ORF4、ORF5和ORF6基因片段，并通过PCR将这些基因以不同组合连接到PRRSV MLV的感染性克隆中。其中一个研究，将这些基因的胞外区序列的不同组合整合到PRRSV MLV感染性克隆，他们拯救出5种可传代的子代嵌合病毒，其中1种病毒对2株异源PRRSV毒株攻毒产生部分交叉保护（Tian等，2015）。在随后的研究中，研究者将单独改组的全长结构基因组装到VR-2385毒株的骨架中，重组病毒具有针对两种异源毒株的交叉保护效力（Tian等，2017）。

在另一项研究中（Vu等，2015），研究者使用集中免疫原的方法扩大了PRRSV MLV疫苗的抗原覆盖范围。研究者基于59个PRRSV-2的非冗余全长基因组序列比对，选出比对序列中每个位置最通用的核苷酸，设计出共有PRRSV基因组，并通过化学合成该共有PRRSV基因组构建了全长感染性cDNA克隆。动物实验证明，此具有共有基因组序列的重组病毒可提供更广的交叉保护范围，并可抵抗异源PRRSV毒株的攻击。

目前，人们还无法区分PRRSV抗体阳性的猪是由于自然感染还是由于接种了MLV疫苗。这一难题可以通过开发带有血清标志物的疫苗来解决。第一种为DIVA（differentiating infected from vaccinated animals，区分感染动物与疫苗接种动物）疫苗，此疫苗的构建是从疫苗株中删除一种或多种仍存在于野毒株中的抗原表位。第二种为顺应性标记疫苗，此疫苗的构建是将野毒株中不存在的抗原表位插入疫苗株，临床上可以在所有其他野毒株中检测该株。这两种方法目前都已用于PRRSV MLV疫苗的开发，其核心是在PRRSV全长感染性克隆中进行适当的插入或缺失（Fang等，2008；Lin等，2012）。但是，目前尚无许可用于商业农场的DIVA或顺应性标志PRRSV MLV疫苗。

7.9.5 灭活PRRSV疫苗

PRRSV灭活病毒（killed virus，KV）疫苗已在除北美以外的世界许多国家获得许可并使用。商业PRRSV KV疫苗在诱导免疫反应和免疫保护方面不如MLV疫苗有效（Zuckermann等，2007）。但是，在血清阳性猪群中进行为期18个月的监测，结果显示母猪接种KV PRRSV-1疫苗后，繁殖性能显著提高，断奶仔猪的成活率有所提高（Papatsiros 等，2006）。在另一项研究中（Scortti 等，2007），研究者给后备母猪接种KV疫苗后用异源PRRSV-1毒株攻毒，结果显示，该疫苗没能成功保护仔猪不出现临床症状、病毒血症和经胎盘感染情况，但使仔猪断奶前的死亡率显著降低（Scortti 等，2007）。KV PRRSV 疫苗的主要优点是其安全性。迄今为止，尚未有PRRSV KV疫苗对猪健康产生负面影响的报道。

7.9.6 改良 PRRSV 灭活疫苗的策略

正确的病毒灭活方法和合适的佐剂对于提高PRRSV KV疫苗的效力至关重要。在猪巨噬细胞上做的体外实验表明，二元乙炔亚胺（BEI）和紫外线辐射是灭活PRRSV颗粒而不使其失去结合、内化和裂解的理想方法（Delrue等，2009）。经紫外线或BEI灭活并用油质佐剂配制的PRRSV-1疫苗接种猪后，用同源病毒进行攻毒，可见病毒引起的中和抗体（VN）滴度增加，病毒血症减轻（Vanhee 等，2009）。在另一项研究中，用BEI杀死的PRRSV疫苗接种妊娠母猪后用同源病毒攻毒，也可使VN滴度增加、病毒血症减轻。尽管该疫苗不能预防仔猪经胎盘感染，但确实可以减少胎儿着床部位发生镜下严重病变的胎儿数量（Karniychuk 等，2012）。

聚糖遮挡作用可能会干扰针对PRRSV中和抗体应答（Ansari 等，2006）。研究人员利用反向遗传学技术，在GP5蛋白潜在的N-糖基化位点处进行2个氨基酸的替代，获得了重组病毒。该PRRSV-2重组病毒经过BEI灭活后，与Montanide佐剂一起配制生产KV疫苗。比较灭活的重组病毒疫苗与灭活的原病毒疫苗对接种猪的保护效力，总体而言，同源病毒攻毒后，基于突变病毒的KV疫苗可提高VN抗体应答、减轻病毒血症和肺部病变（Lee等，2014）。

黏膜接种方式可为肠胃外疫苗提供优势，引起气道表面和肺部的局部免疫反应。Dwivedi 等（2012）用聚丙交酯-共-乙交酯[poly（lactide-co-glycolides），PLGA]包裹紫外线灭活的PRRSV-2，形成纳米颗粒，并对猪进行鼻内接种。接种疫苗的猪肺中病毒特异性IgA水平升高，VN滴度升高，IFN-γ 产生水平提高。异源PRRSV病株攻毒实验显示，猪肺部病变显著减弱，病毒载量显著降低（Dwivedi 等，2012）。在后续研究中，研究人员将基于PLGA纳米颗粒的紫外线灭活PRRSV疫苗与一种高效佐剂——结核分枝杆菌全细胞裂解液一起鼻内接种2次。之后用异源PRRSV-2毒株攻毒，结果显示攻毒病毒被完全清除，血液中病毒RNA量降低到对照的1/3。此外，接种疫苗猪针对PRRSV的特异性抗体免疫应答增强，表现为VN抗体滴度升高，Th1/Th2应答平衡，免疫抑制性细胞因子表达降低，表达IFN-γ 的淋巴细胞亚群的数量及抗原递呈细胞数量增加（Binjawadagi等，2014）。

7.9.7 实验性PRRSV疫苗

人们已经为开发具有更高安全性和保护效力的新型PRRSV疫苗做出了许多努力。这些新型疫苗包括DNA疫苗、亚单位疫苗、合成肽疫苗（Mokhtar等，2017）和病毒载体疫苗等。表7.5至表7.7列出了部分疫苗清单和相应研究结果摘要。

然而，除了小型实验研究之外，几乎没有证据表明这些候选疫苗可在攻毒过程中为接种动物提供实质性保护。此外，在大多数实验研究中，攻毒实验所用病毒均为同源病毒。只有一种来自Reber Genetics Co. Ltd.（中国台湾台北）的PRRSFREE亚单位疫苗采用异种毒株进行攻毒实验。该疫苗的中试实验在中国台湾一个农场中进行，该农场具有从分娩到育肥的整条生产线，农场中的300只母猪参与中试（Yang等，2013）。2012年，这种新的重组PRRSV疫苗被引入中国台湾市场。后续研究表明，应用该疫苗免疫育肥猪群可预防异源PRRSV-1和PRRSV-2攻毒引起的呼吸道疾病（Jeong等，2017）。

表7.5　DNA疫苗

抗原	模式动物	中和抗体	CMI	保护性	参考文献
GP5	小鼠、猪	+	+	+	Pirzadeh 和 Dea（1998）
G5、N 及 IL-2、IFN-γ	猪	nt	+	+	Xue 等（2004）
GP5 及 PADRE 抗原表位	小鼠、猪	+	+	nt	B. Li 等（2009b）
GP5、M	猪	+	+	+	Chia 等（2010）
GP5 及 IL-18	猪	+	+	nt	Zhang 等（2012）
GP5、GP3 及 IFN-α/γ	猪	+	+	+	Du（2012）
GP5 及 IL-15	小鼠	+	+	nt	Li 等（2012）
GP5 及泛素	猪	+	+	+	Hou（2008）
ORF2 部分缺失 PRRSV cDNA	猪	−	+	+	Pujhari 等（2013）
GP5、M 及 IL-18	猪	−	+	nt	Zhang 等（2012）
GP5、M、N	猪		+	−发热增加	Diaz 等（2013）

表注：+，检测到；−，未检测到；nt，未经测试；CMI，细胞介导的免疫反应。

表7.6 载体疫苗

载体	抗原	模式动物	中和抗体	ICM	保护性	参考文献
腺病毒	GP5、M	小鼠	+	+	nt	Jiang 等（2006）
腺病毒	GP5、GP3 及 CD40L	猪	+	+	+	Cao 等（2010）
腺病毒	GP5、GP3 及 GM-CSF	猪	+	+	+	Wang 等（2009）
腺病毒	GP5、GP3、GP4	小鼠	+	+	nt	Jiang 等（2008）
腺病毒	GP5、GP3 及 HSP70	猪	+	+	+	J. Li 等（2009）
杆状病毒	GP5、M	小鼠	+	+	nt	Wang 等（2007）
禽痘病毒	GP5、GP3 及 IL-18	猪	+	+	+	Shen 等（2007）
牛痘病毒（rMVA）	GP5、M	小鼠	+	+	nt	Zheng 等（2007）
伪狂犬病病毒	GP5	猪	+	nt	+	Qiu 等（2005）
牛分枝杆菌（BCG）	截短的GP5、M	猪	+	+	+	Bastos 等（2004）
I 型圆环病毒	GP5、GP3、GP2的抗原表位	猪	+	nt	nt	Piñeyro 等（2016）
冠状病毒（TGEV）	GP5、M	猪	+	nt	+	Cruz 等（2010）

表注：+，检测到；－，未检测到；nt，未经测试；CMI，细胞介导的免疫反应。

表7.7 亚单位疫苗

抗原	生产系统	模式动物	中和抗体	ICM	保护性	参考文献
GP5	感染Sf9细胞的杆状病毒	小鼠	+	+	nt	Wang 等（2012）
GP5、GP4、GP3、GP2a、M	感染Sf9细胞的杆状病毒	猪	nt	+	+	Bijawadagi 等（2016）
GP5、GP2、GP3、N和NSP2多B细胞表位	E.coli	小鼠、猪	+	+	nt	Chen 等（2012）
M	玉米	小鼠	+	+	nt	Hu 等（2012）
具有ORF1b、N、M和GP5表位的假单胞菌外毒素载体*	E.coli	猪	+	+	+	Yang 等（2013）；Jeong 等（2017）

表注：+，检测到；－，未检测到；nt，未经测试；CMI，细胞介导的免疫反应；*该疫苗的商业名称为PRRSFREE。

7.10 结论

自从 1991 年发现 PRRSV 以来，人们对该病毒已经有了一定了解。在世界各地许多科学家的努力下，我们对病毒的分子生物学、病理生理学、流行病学，以及病毒与宿主细胞的相互作用特征有了更好的了解。目前人们已经获得了不同 PRRSV 毒株的完整基因组序列，通过构建全长感染性 cDNA 克隆建立了 PRRSV 的反向遗传学操作平台，并且已开发出新的、更有效的诊断程序。

基于对 PRRSV 的了解，科学家们开创了"封闭畜群"的概念，将其作为从畜群中消除 PRRSV 的工具。在美国和加拿大各地的"区域控制和消除计划"中都采用了这种方法，以消除猪密度较低地区的 PRRSV。在智利和瑞典，人们将"封闭畜群"与"减少种群/再种群"（depopulation/repopulation）两种方法相结合，消除了当地的 PRRSV。

第一株商业化的 PPRSV 疫苗于 1994 年在美国获得许可，目前各种抗 PRRSV 疫苗已在世界各地的猪养殖区广泛使用。但是，现在仍需要更安全、更有效的 PRRSV 疫苗。人们对 PRRSV 遗传多样性、对宿主免疫系统的调节及保护机制的了解，将有助于开发出具有更广泛异源保护性的 PRRSV 疫苗。

参考文献

8 猪水疱病病毒

Swine Vesicular Disease Virus

Estela Escribano-Romero[1], Miguel A. Martín-Acebes[1], Angela Vázquez-Calvo[1], Emiliana Brocchi[2], Giulia Pezzoni[2], Francisco Sobrino[3*], Belén Borrego[4]

翻译：王红蕾　封文海；审校：刘平黄　张鹤晓

1 Departmento de Biotecnología, Instituto Nacional de Investigación y Tecnología Agraria y Alimentaria (INIA), Madrid, Spain.

2 Istituto Zooprofilattico Sperimentale della Lombardia e dell'Emilia Romagna (IZSLER), Brescia, Italy.

3 Centro de Biología Molecular 'Severo Ochoa' (CSIC-UAM), Madrid, Spain.

4 Centro de Investigación en Sanidad Animal (CISA-INIA), Madrid, Spain.

*Correspondence: fsobrino@cbm.csic.es

https://doi.org/10.21775/9781910190913.08

8.1 摘要

猪水疱病（swine vesicular disease，SVD）病毒（SVDV）属于小核糖核酸病毒科肠道病毒属。该病毒与人类柯萨奇病毒B5（human coxsackie virus B5，CVB5）在遗传和抗原特性上高度相关。实际上，SVDV是CVB5的一个亚种，由于适应猪而产生。SVDV引起猪的水疱性疾病，其病变和临床症状与口蹄疫（foot-and-mouth disease，FMD）相似。

在本文中，我们讨论了与SVDV感染周期相关的不同方面，包括其基因组结构和基因表达调控，SVDV RNA编码的蛋白及病毒蛋白的已知功能，以及它们在细胞进入、病毒复制和发病机制中的作用。此外，本文讨论了病毒粒子的特征和病毒引起的适应性免疫反应，以及目前通过接种疫苗和其他抗病毒手段控制SVDV的策略。本文还讨论了SVD的临床体征和病变特点，以及目前的诊断方法，并特别强调了其与FMD的区别。最后，还对SVDV的控制和流行病学进行了概述。

8.2 猪水疱病病毒(swine vesicular disease virus, SVDV)

猪水疱病是猪的一种常见的亚临床或轻度水疱性疾病，与口蹄疫（foot-and-mouth disease，FMD）非常相似。该病于1966年在意大利首次出现，此后仅在欧洲和少数亚洲地区（中国台湾、香港和澳门，以及日本）报道过。该病的病原是SVD病毒（SVD virus，SVDV），其是一种单股正义链RNA病毒，属于小核糖核酸病毒科肠道病毒属（Dekker，2000综述）。

SVDV最近被认为是由人类肠道病毒CVB5对猪的适应性而产生的。研究人员通过系统发育学研究，估计了1945—1965年同一祖先的分化程度（Zhang等，1999）。

SVD和FMD的病变和临床症状极为相似，因此很难进行临床区分。尽管该病的病程较轻，但与FMD的病变和临床症状很难区分这一困难促使对SVDV生物学的研究特别侧重于实验室策略的发展，以改善其诊断和特征；有关SVD的最新信息，请参见http://www.oie.int/fileadmin/Home/eng/Animal_Health_in_the_World/docs/pdf/Disease_cards/SWINE_VESICULAR_DISEASE.pdf; http://www.oie. int/eng/A_FMD2012/docs/2.01.05 FMD.pdf。

8.3 SVDV分子生物学

8.3.1 基因组结构

SVDV基因组由一条单股正义链RNA分子组成，该分子3′端被聚腺苷酸化，5′端与病毒蛋白3B（VPg）的一个拷贝共价连接（图8.1）。该RNA分子包含约7 400个核苷酸［不包括poly（A）］，编码一个多聚蛋白。该多聚蛋白两侧是两个高度结构化的非编码区（untranslated regions，UTR），分别位于基因组5′端和3′端。该病毒的基因组结构与原型肠病毒——脊髓灰质炎病毒（poliovirus，PV）类似（Inoue等，1989；Zhang等，1993）。RNA分子的5′端和3′端都是病毒复制和翻译的关键参与者。因此，SVDV和柯萨奇病毒的5′和3′非编码区是保守的，仅有几个核苷酸不同（Inoue等，1989）。有人提出，RNA 5′端的差异可能部分导致了病毒株之间的致病性改变（Seechurn等，1990），这与RNA翻译效率的改变有关（Seechurn等，1990）。实际上，独特的开放阅读框（open reading frame，ORF）的翻译是由独立于CAP的起始机制驱动的，其起始由位于5′ UTR的内部核糖体进入位点（internal ribosome entry site，IRES）元件介导（Chen等，1993）。虽然该IRES序列在SVDV分离株中相对保守，可用于诊断，但是不同分离株的测序显示，位于IRES 3′端的第39个核苷酸处和多聚蛋白的功能起始密码子处的隐性AUG之间的间隔区的核苷酸变异性很大（Shaw等，2005）。此外，一些分离株（主要来自欧洲）在该区域携带嵌段缺失，这可能与其在体外生长能力降低有关（Shaw等，2005）。这些发现表明，5′ UTR是SVDV致病性的关键决定因素。

8.3.2 SVDV蛋白

SVDV RNA编码一条由2 185个氨基酸组成的多聚蛋白（Inoue等，1989；Vázquez-Calvo等，2016b），在感染细胞的胞质中，该多聚蛋白经过蛋白水解加工，产生不同的病毒蛋白（图8.1）（Inoue等，1989；Zhang等，1993；Escribano-Romero等，2000）。

病毒ORF分为3个区域：P1、P2和P3。P1区编码4个结构蛋白或衣壳蛋白1A（VP4）、1B（VP2）、1C（VP3）和1D（VP1）。P2和P3区编码7个非结构蛋白（non-structural proteins，NSPs）：$2A^{pro}$、2B、2C、3A、3B、$3C^{pro}$和$3D^{pol}$，参与病毒RNA的复制、翻译和加工（Zhang等，1993；Greninger，2015）。关于产生成熟蛋白所必需的多聚蛋白加工，P1和P2区域之间的切割由蛋白酶2A（$2A^{pro}$）完成。除了前体VP0切割产生成熟的VP4和

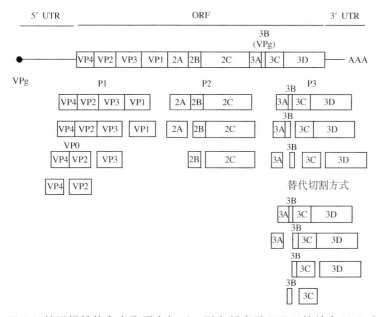

图8.1　SVDV基因组结构和多聚蛋白加工。图上部表示SVDV的单个ORF（框），其两侧是位于5'和3'末端的两个UTRs（线）。图下部表示多聚蛋白的加工以产生成熟蛋白

VP2之外，蛋白酶3C^{pro}负责多聚蛋白其余部分的切割以产生成熟的蛋白质，这对SVDV的传染性至关重要（Rebel等，2003）。与其他小核糖核酸病毒一样，人们认为VP0的裂解是自催化的，并且依赖于RNA衣壳化（Hindiyeh等，1999）。

8.4 衣壳结构、结构蛋白

在P1前体多肽加工后，SVDV粒子的衣壳由60个4种衣壳蛋白VP1 ~ VP4组成的原体构成（图8.2）。原体自组装形成一个直径25 ~ 30 μm、对称（T=1）的无囊膜二十面体壳，并包裹了病毒基因组（Escribano-Romero等，2000）。SVDV粒子在氯化铯梯度中的浮力密度为1.30 ~ 1.34 g/mL，耐乙醚，并且在很宽的pH（3 ~ 10）范围保持稳定（Moore，1977），这似乎可以适应胃的酸性条件。

首先，前体P1被病毒蛋白酶加工，产生3个多肽VP0、VP3和VP1，这些多肽组装在一起产生原体（图8.2A和B）。5个亚基或原体结合形成五聚体中间体（图8.2C和D），12个五聚体自组装形成衣壳（图8.2E和F）。这12个五聚体可能形成一个"空衣壳"或前病毒粒子，它缺少RNA，被认为是这些病毒产生过程中的晚期中间产物。随后，RNA分子被引入，但是其引入机制尚未十分清楚。一旦RNA被衣壳包裹，组装的最后一步包括前体VP0的蛋白水解，产生VP2和VP4，如上所述该水解被认为是自催化的。这种蛋白水解对于产生感染性病毒是必需的（Rebel等，2003）。体外构建含有未切割的VP0的重组SDV病毒样颗粒（virus-like particles，VLP），可用作检测SVDV抗体的抗原（Ko等，2005；Xu等，2017）。

在成熟病毒粒子中，VP1、VP2和VP3蛋白（分别为33、32和29 kDa）暴露于病毒表面，形成紧密的蛋白外壳，而VP4（约7.5 kDa）位于衣壳的内表面并与RNA接触，因此不能与外壳表面接触。VP1 ~ VP3具有三级结构，该结构由8个反平行的β-折叠结构或β-桶状结构的中央疏水核组成，这些结构由可变的延伸环连接，其中许多环暴露于病毒粒子表面。这3种蛋白的C端也朝向病毒表面，而N端朝向内部。最后，还有2个内部α-螺旋，分别为αA和αB（Escribano-Romero等，2000）。

研究人员通过两种分离株UK/27/72（Fry等，2003）和最近的分离株SPA/2/93（Verdaguer等，2003）测定了SVDV的原子结构，发现其更类似于CBV3，而非CAV9，并绘制了柯萨奇病毒B5（CVB5）适应猪感染过程中发生的表面变化。

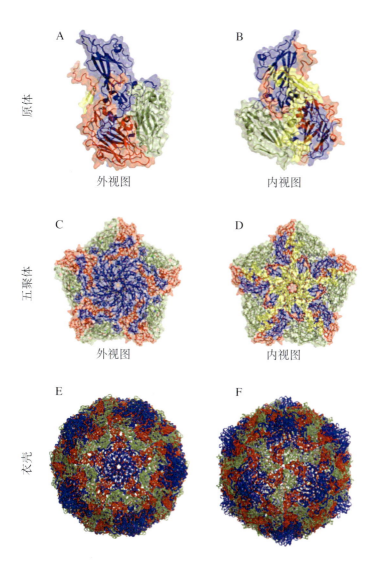

图8.2 SVDV衣壳结构。A和B. SVDV衣壳的一个原体亚基的外部（A）和内部（B）视图。二级结构由带状图表示。C和D. SVDV衣壳的一个五聚体亚基的外部（C）和内部（D）视图。为了清楚起见，省略了氨基酸侧链。E和F. SVDV衣壳不同方向的不同视图。使用了SVDV衣壳的原子坐标（蛋白质数据库代码1MQT）（Verdaguer等，2003），并使用PyMol分子图形系统1.5.0.4版本可视化结构（Schrödinger, LLC）。VP1为蓝色，VP2为绿色，VP3为红色，VP4为黄色

8.4.1 衣壳蛋白

8.4.1.1 VP1

该蛋白由283个氨基酸残基组成，是4种病毒结构蛋白中变化最大的，构成了衣壳的大部分外表面。它结合形成了从衣壳其余部分突出的二十面体粒子的5重顶点。VP1的β桶内部有一个疏水口袋，其在其他的小核糖核酸病毒中含有来自细胞的脂质，被称为"口袋因子"。它的作用是在细胞外环境中稳定病毒粒子。实际上，去除口袋因子使病毒结构"呼吸"，这可能是脱衣壳所需的构象变化（Giranda等，1992）。在SVDV中，由于该分子三维结构的密度大小和形状与在CVB3中观察到的不同，所以仍然没有对其进行化学鉴定（Verdaguer等，2003）。

8.4.1.2 VP2

该蛋白包含263个氨基酸残基，在病毒粒子的三倍轴周围与VP3交替，并在衣壳表面相对暴露。VP2包含由两个连续环组成的膨胀区域，其中一个环更多地暴露于粒子表面（Fry等，2003）。

8.4.1.3 VP3

该蛋白包含238个氨基酸残基，其N端靠近病毒粒子的五倍轴，并与VP1和VP4的N端重叠。该结构与其他五倍相关轴共同形成一个β圆柱体，这对五聚体的稳定性很重要。另一方面，VP3的C端位于外部，并与称为"旋钮"的主要表面突起相邻（Fry等，2003）。

8.4.1.4 VP4

该蛋白质较小，包含69个氨基酸残基，几乎没有二级结构。它是结构蛋白中最保守的，如上所述它位于衣壳的内表面。存在于其N端的甘氨酸残基与肉豆蔻酸基团共价连接，从而在衣壳的内表面周围为衣壳提供了5个对称的肉豆蔻酰基部分，这是一个从内表面到外表面的通道（Fry等，2003；Verdaguer等，2003）。

SVDV中有五个明显的凹陷，并不是一个连续的圆形峡谷。VP3的C端、VP2粉扑的第一个环及C端VP1环的残基在这些凹陷之间形成一个脊（Fry等，2003）。

8.5 非结构蛋白（non-structural proteins，NSPs）

编码NSPs的基因组的P2和P3区（图8.1）在肠道病毒中高度保守，这些蛋白的氨基酸序列具有90%的同源性。如上所述，SVDV编码了7种成熟的

NSPs：2A^{pro}、2B、2C、3A、3B、3C^{pro}和3D^{pol}。

8.5.1　2A^{pro}

该蛋白酶负责多聚蛋白切除VP1/2A，以及感染细胞内翻译起始因子eIF4GI的裂解。eIF4GI的切割可以抑制cap依赖的细胞蛋白的合成，从而导致宿主蛋白质合成的中断（Sakoda等，2001）。虽然从相关的肠病毒中已经推断出SVDV NSPs的大部分功能，但是仍有许多研究指出，2A^{pro}对于SVDV的致病性很重要。事实上，强毒和无毒分离株之间的比较表明，猪致病性的关键决定因素位于VP1/2A编码区。具体来说，在2A^{pro}中第20位的精氨酸对于诱导高病毒血症和出现重大疾病至关重要（Inoue等，2005，2007）。有人提出，由于其切割eIF4GI的能力，SDVD 2A^{pro}不仅可以调节CAP依赖的蛋白合成，而且可以刺激IRES诱导的病毒蛋白合成（Sakoda等，2001）。因此，对2A^{pro}这些活性的调节将导致SVDV的致弱。

8.5.2　2B、2C和3A

这些蛋白的功能尚未得到很好的描述，但是它们正如其他小核糖核酸病毒所描述的那样，它们可能通过促进适当的复制复合物形成、抑制细胞蛋白分泌和病毒粒子组装来促进病毒复制，（Greninger，2015；Martín-Acebes等，2008；Vázquez-Calvo等，2016a）。支持这一观点的是，这些NSPs已在病毒复制复合物中检测到，并与作为RNA复制标记的dsRNA中间体共定位（Martín-Acebes等，2008；Vázquez-Calvo等，2016a）。有趣的是，肠病毒2C中存在一个核苷酸解旋酶结构域，该结构域可促进基因组复制。2C还可能与调节细胞分泌途径组分和控制细胞内囊泡运输的宿主因子相互作用，从而导致参与复制复合物组装的膜重排（Vázquez-Calvo等，2016a）。实际上，2C蛋白中的单个氨基酸替换（65位谷氨酰胺替换为组氨酸）使SVDV对破坏细胞内膜运输的高尔基干扰剂（布雷菲德菌素A和灭草剂）产生了抗性（Vázquez-Calvo等，2016a）。

8.5.3　3B（VPg）

这种小蛋白与病毒基因组的5′端共价连接，并且对于病毒复制是必不可少的，因为在此过程中第一步就是尿酸化形式（Schein等，2015；另请参见第3章）。

8.5.4　3C^{pro}

如上所述，该半胱氨酸蛋白酶在病毒多聚蛋白中的某些Q/G位点进行切割，它负责多聚蛋白大部分加工切割（Inoue等，1989）。

8.5.5 3D^{pol}

该蛋白是病毒RNA依赖的RNA聚合酶，负责病毒RNA复制和VPg尿酰化反应（Peersen，2017；Sun等，2014）。如第3章所述，这种类型的RNA聚合酶固有的低拷贝保真度及庞大的病毒种群数量导致了被称为准群的种群结构，其中包括许多相关但不完全相同的单个基因组（突变谱），并受到连续选择和采样事件的影响（Domingo和Schuster，2016）。

8.6 病毒粒子的抗原性

使用单克隆抗体（monoclonal antibody，MAb）突变体（MAR）分析了SVDV粒子的抗原结构（Kanno等，1995；Nijhar等，1999；Borrego等，2002a）。这些工作确定了7个高度依赖于构象的中和位点，涉及的氨基酸在蛋白质序列中并不总是连续的，甚至属于不同的蛋白质。当定位在相应的衣壳结构上时，这些位点（根据不同的工作而命名不同）主要分布于四个区域，它们都充分暴露在衣壳表面（Verdaguer等，2003）（图8.3）。其中一个区域是VP1的BC环，氨基酸残基VP1 83和84位于其中。这些残基有助于定义抗抗原位点1，在位点 Ia 和 Ib 中进一步剖析。位点 Ia 还涉及残基 VP1 95 和 98，位于不那么突出的位置（Borrego等，2002a）。另一个相关区域对应于 VP2 中的粉

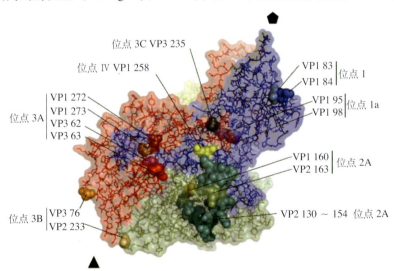

图8.3　SVDV中和相关的抗原位点。SVDV衣壳蛋白原体亚基的外部视图，突出显示了有助于定义每个抗原位点（球体）的残基。VP1为蓝色，VP2为绿色，VP3为红色，VP4为黄色。五倍对称轴和三倍对称轴的位置分别用五边形和三角形表示

扑或 EF 环，该环是蛋白质的最大环。VP2蛋白质图谱中发现的大多数变化位于这一区域，并且已经区分了两个抗原位点：涉及凸起第二个环内VP2 160 和163位置的位点 2A，以及第一环中的位点 2B（VP2 130 ～ 2154 位残基）。抗原位点 3 的结构似乎更为复杂，涉及的残基主要在 VP3。位点 3A 被确定位于包括 VP3 "旋钮" 的区域上，如上所述，该区域是 VP3 的主要表面突起，在一些突变体中 62 和 63 残基的替换与 VP1 C 端残基 272 和 275 都位于该区域。3B 位点由 VP3 的 BC 环和 VP2 的 C 端残基（残基 76 和 233）组成。位点 3C 位于蛋白的羧基末端（VP3 234 和 235 残基）。

最后，VP1 C 端附近的第 IV 位点是由第 258 位氨基酸定义的。靶向该位点的 MAb 是针对最近分离的 SVDV 毒株，此外它还可能与 SVDV 结合 HS 的能力有关（请参阅 8.7）。

除了对 MAR 突变体的鉴定外，其他方法也可以鉴定 SVDV 衣壳中的抗原区域。对一组感染猪的血清进行肽扫描分析，鉴定出了 SVDV 特异性血清识别的新抗原区域（Jiménez-Clavero 等，2000，2001）。其中一个区域，即 VP1 蛋白的 N 端，很有特点。与通过 MAR- 突变体鉴定的位点在病毒粒子表面上清晰的展示相反，该位点仅在病毒向细胞扩散后才暴露并接触到抗体，这是由于衣壳结合细胞受体时发生构象重排。一个跨越 VP1 衣壳蛋白 20 个 N- 末端残基的合成肽可以有效地模拟这一线性位点，因为它不仅能被感染猪的抗体强烈识别，而且能够诱导抗体，使其在一定条件下、一定程度上特异性阻断病毒在体外的感染。

同样通过肽扫描，通过分析一组针对多聚蛋白 P1 的单克隆抗体，鉴定了五个主要的线性位点（Borrego 等，2002b）。虽然在某些情况下，它们与被 MAR 突变体确定的区域重叠，但是没有发现任何一个 MAbs 定义的位点的单克隆抗体能够中和病毒的传染性，或者与感染诱导的天然抗体库竞争，因此它们在病毒抗原性中的作用需要进一步确定。

关于 SVDV 抗原结构的研究不仅导致了抗原位点的鉴定和物理定位，而且揭示了它们在 SVD 病毒中的保守程度以及在自然感染情况下的变异（Brocchi 等，1997；Borrego 等，2000；Bregoli 等，2016）。通过一组具有不同位点代表性的单克隆抗体分析，证明最稳定的位点是位点 Ia，包括 VP1 83 ～ 98 位的不同氨基酸。除了最近 10 年中少数毒株的微小变化外，在分析的 4 个抗原基团的分离株中未检测到变化；此外，该位点也存在于被认为是 SVDV 祖先的人类病原体柯萨奇病毒 B5 中。相反，尽管位点 Ib 与位点 Ia 相关，但由 VP1 的第 84 和 85 位氨基酸定义的位点 Ib 更易发生变异。对从 1992 年开始的 25 年间收集的 200 多个意大利分离株的抗原谱进行分析显示，该位点的突变最初是零星的，从1997年开始大约10年内成为固定，而从2008年开始出现反向突变，导致与靶标MAb反应性逆转的可能。此外，在2000年之前一直稳定的第Ⅳ位点发生了变化，最近的分离株（2006—2014年）中靶标MAb的反应性降低证明了这一点，而在其他位点的抗原修饰是零星的，并且在野外从未稳定过（图8.3）。为了设计针对可能显示不同保护程度位点单克隆抗体的正确诊断分析，需要考虑这些结果。

8.7 病毒的细胞生物学

8.7.1 早期感染步骤：病毒附着、细胞进入和基因组脱衣壳

与其他所有属于CVB5组的病毒一样，SVDV利用46 kDa的跨膜糖蛋白作为细胞受体，该受体称为柯萨奇-腺病毒受体（coxsackie-adenovirus receptor，CAR）（Jiménez-Clavero等，2005；Martino等，2000）。通过将CVB3-CAR的结构与SVDV的结构重叠，可以预测SVDV衣壳上假定的CAR结合位点。这一方法揭示了两种病毒CAR识别位点中的残基适度保守，以及疏水性和亲水性氨基酸的分布相似。

这类病毒用作共受体的另一种表面分子是DAF（衰变促进因子，CD55），这是一种70 kDa的蛋白质，也被认为在SVDV的结合中起着重要作用（Martino等，2000）。有趣的是，使用DAF作为共受体仅在早期的SVDV分离株中观察到（Jiménez-Clavero等，2005），这表明随着SVDV在其新宿主猪中不断进化，负责其与DAF结合的衣壳结构已经丢失。另一方面，SVDV可能使用了另一种共受体——硫酸乙酰肝素（heparan sulfate，HS），因为这种糖胺聚糖（glycosaminoglycan，GAG）被证明可以介导一种较新的病毒分离物SPA′93与宿主细胞的结合。此外，添加可溶性HS能够完全抑制感染，因此不能排除SVDV使用GAGs作为替代受体的可能性（Escribano-Romero等，2004）。HS是否取代DAF作为猪的受体，还是作为替代受体或共受体参与细胞结合，仍待进一步研究。HS与SVDV的结合位点已经通过分析对肝素耐药的SVDV突变体进行了鉴定（Escribano-Romero等，2004）。这些病毒中的突变位于SVDV衣壳结构中，并揭示了一个HS结合位点，该位点与FMDV-HS相互作用中确定的结合位点很接近（Verdaguer等，2003），也与Fry等（2003）提出的在早期分离物中与DAF结合的病毒衣壳区相似（Jiménez-Clavero等，2005）。因此，这可能是由于衣壳从CVB5进化到SVDV过程中发生改变，不仅导致其与DAF的结合丧失，而且与在分离株中观察到的结合HS能力增强有关。

SVDV 的内化依赖于网格蛋白介导的内吞作用和质膜胆固醇。在这些早期感染步骤中，病毒颗粒通过细胞内体运输，并需要特定的细胞信号和微管（Martín-Acebes 等，2009）。关于病毒基因组的脱壳机制，它始于病毒粒子与细胞表面的结合。事实上，SVDV 衣壳发生构象变化，使 VP1 的 N-端外化（Jiménez-Clavero 等，2001）。因此，目前的模型假设 VP1 的 N-端外化是病毒脱壳之前细胞内中间体（也称为 35S 或 A 粒子）产生的第一个构象重排之一（Bubeck 等，2005；Butan 等，2014）。如上所述，通过结合 VP1 的 N-端抗体而阻断这种转变，消除了病毒粒子的感染性（Jiménez-Clavero 等，2001）。这些细胞内脱衣壳中间体应释放 VP4 和病毒基因组，使其成为空粒子。这一过程可能发生在细胞内体中（Martín-Acebes 等，2009）。

8.7.2 复制

一旦病毒 RNA 在细胞质中释放后，就必须被翻译产生结构性和非结构性蛋白，使其复制和生长。小 RNA 病毒对感染细胞的细胞膜进行重塑，以产生专门用于病毒 RNA 复制的细胞器。翻译和复制通过双链 RNA（dsRNA）中间体与这些膜状复制平台结合，该中间体是由正负极性 RNA 结合形成的。在诸如 SVDV 的肠病毒中，RNA 复制发生在胞质囊泡结构表面，这些结构来自内质网（ER）和高尔基复合体的细胞膜（Martín-Acebes 等，2008；Belov 和 Sztul，2014；van der Linden 等，2015）。在特定的 SVDV 病例中，感染细胞在感染后 4～7h 会发生重大的超微结构重排（Kubo 等，1981）。共聚焦和透射电子显微镜分析显示，这些重排包括高尔基复合体和 ER 的解体，从而导致感染细胞的胞质内产生大量的囊泡结构，包括双层膜囊泡（图 8.4）。这种结构可以为复制复合体的组装提供平台（Martín-Acebes 等，2008）。如上所述，尽管对膜重组的机制尚未完全了解，但是已知非结构蛋白 2B、2C 和 3A 可以诱导这些膜重排（Martín-Acebes 等，2008；Greninger，2015；Vázquez-Calvo 等，2016a）。在某些情况下，这些 NSPs 通过与分泌途径中产生的某些宿主蛋白相互作用从而诱导细胞膜重排，但不同小核糖核酸病毒的作用机制可能有些不同（Gazina 等，2002；Martín-Acebes 等，2008；van der Linden 等，2010；Sasaki 等，2012）。实际上，与 PV 和柯萨奇病毒相似，参与早期分泌途径 GBF1（高尔基体特异性 BFA 抗性因子 1）转运的小 GTP 酶 Arf 家族成员的鸟嘌呤核苷酸交换因子（guanine nucleotide exchange factor，GEF）可以定位于 SVDV 的病毒复制工厂（Vázquez-Calvo 等，2016a）。

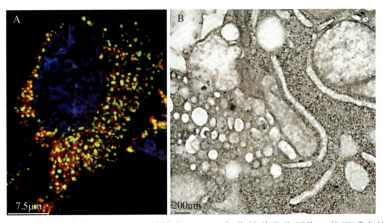

图8.4　SVDV复制复合体。A. SVDV感染的IBRS-2细胞的共聚焦图像，使用适当的抗体检
测2C蛋白（绿色）和dsRNA（红色），该图像按照文献（Vazquez-Calvo 等，2016a）
所述方式生成（Vazquez-Calvo 等，2016a），细胞核（蓝色）使用TO-PRO-3染色。
B. SVDV感染的IBRS-2细胞的透射电子显微照片，其显示了病毒诱导的囊泡结构在
细胞质积累。如文献（Martín-Acebes 等，2008）所述感染细胞并对其进行电子显微
镜处理

8.8　病毒粒子的组装、成熟和释放

对感染细胞进行共聚焦分析显示，结构蛋白和NSPs在SVDV复制复合
体共定位（由2C或dsRNA标记），表明衣壳蛋白的组装与复制复合体有关
（Martín-Acebes 等，2008）。感染SVDV的细胞在细胞质中积聚了大量病毒粒
子，甚至可以形成病毒粒子的近晶阵列（Kubo等，1980，1981）。在衣壳组装
后，VP0通过自催化裂解，促进病毒粒子成熟，这种裂解对于病毒粒子的感染
性至关重要（Rebel等，2003）。病毒粒子通过细胞裂解从感染细胞中排出，而
在相关的肠病毒中，病毒粒子的释放也可以通过与细胞自噬途径相关的非裂解
性非经典分泌机制发生（Bird等，2014）。

8.9　发病机制

SVD是一种水疱性疾病，可以是亚临床性或轻度的，也可以是严重的
（急性的），但是后一种形式通常与在潮湿环境中饲养在水泥地面上的猪有关。
唯一直接与SVDV感染相关的病变是在冠状带、足跟，偶尔在嘴唇、舌头和鼻
子，以及在哺乳母猪的乳房和乳头上形成囊泡。临床症状的严重程度取决于地
面类型——混凝土严重，稻草轻微；在严重的情况下，可出现蹄角脱落。通常

不发热，死亡率也很低（Lahellec 和 Gourreau，1975）。尽管 SVDV 感染的严重程度较低，但是其造成的病变与 FMD 或其他猪水疱性疾病造成的病变无法区分。实际上，正如 1997 年在中国台湾发生的那样，SVD 可以掩盖 FMD 的暴发。因此，SVD 流行病学的重要性在于，这种经济上不重要的疾病的临床症状与 FMD 的临床症状难以区分，如果后者发生在某一地区或国家，就是一场经济灾难。因此，实验室分析在区分产生相同病理的不同病毒方面起着至关重要的作用（请参阅诊断程序）。

8.10　诊断程序

世界动物卫生组织（WOAH）和欧盟委员会 2000/428 / EC 号决定规定了 SVDV 诊断的要求，包括待分析样品的性质以及待进行的检验种类。选择标准必须考虑到感染的时间、临床或亚临床发生情况，以及检测方法的敏感性。

受感染的动物要经过 2 ～ 7d 的潜伏期才会出现病变。然而，在出现临床症状前 48h，病毒可能会从受感染猪的鼻、口以及粪便中排出。在感染后的前 7d，病毒会持续产生，并且通常在 2 周内结束。病毒在粪便中排泄可持续 3 个月。因此，当疾病的临床症状明显时，可使用上皮细胞、口腔液或粪便样本来调查临床和亚临床疑似病例。专注于病原体识别的经典技术，无论是通过 ELISA 检测病毒粒子还是通过 RT-PCR 检测病毒基因组，都是合适的筛查方法，快速且易于实施。然而，ELISA 的灵敏度较低，因此只能用于富含病毒的样品，如囊泡上皮。参考方法是在细胞培养中进行病毒分离，但是它需要昂贵的专门设备，并且至少需要 6d 才能获得阴性样品的结果。

只有在感染早期采集的样品才能检测病毒，而对随后采集的样品进行血清学检测才能够确认发生了感染，包括亚临床感染。鉴定阳性样本中的抗体类型还可以区分排毒的近期感染（单独的 IgM 或与 IgG 一起）和较早的感染（仅 IgG）（世界动物卫生组织，2018）。

SVDV 的诊断有时会被称为"单体反应器"的问题所困扰：即使在对未接触过病毒的猪群进行针对 SVD 病毒抗体的血清学检测中，同一群中的单个动物也可能会出现阳性反应，包括 ELISA，甚至是 VN 试验，而其他动物仍为阴性。这个"单体反应器"所占比例很小，不到 1%。血清交叉反应可能是由感染其他病毒或其他非特异性血清因子引起的，但这些因子仍然未知。

现在已经开发了多种 RT-PCR 方法来检测 SVDV，都是常规（Vangrysperre 和 De Clercq，1996；Lin 等，1997；Núñez 等，1998；Callens 和 De Clercq，1999）和实时形式的（Reid 等，2004；McMenamy 等，2011），采用不同的

RNA提取技术，并靶向SVD病毒基因组不同部分，其中一些还旨在区分SVDV与FMDV和VSV（Hakhverdyan等，2006）。研究人员还开发了一种一步逆转录酶环介导的等温扩增（RT-LAMP）测定法（Blomstrom等，2008）。然而，这些方法中只有少数得到了充分验证。

传统的RT-PCR（Núñez等，1998）与基于免疫纯化的病毒RNA提取方法结合使用（Fallacara等，2000；世界动物卫生组织，2018）在意大利成功地控制和根除了SVDV，该国的国家监测计划包括检测粪便样本中是否存在SVDV。

Benedetti等于2010年对意大利发生的多次SVD疫情中的阳性粪便样本进行了比较研究，相对于两种靶向5′-非翻译区的实时RT-PCR分析（Reid等，2004）和一种RT-LAMP分析（Blomstrom等，2008），针对3D基因的常规式RT-PCR显示出最佳诊断性能，其能够揭示所有循环基因组亚谱。SVD病毒通常在粪便中浓度较低，因此为了成功地检测病毒，需要一种高度敏感的方法，该方法较少受到引物/探针靶序列中突变的影响。在实时RT-PCR检测中，一种针对5′非翻译区域的称为2B-IR（Reid等，2004）的方法相对于常规检测，对粪便样品的诊断敏感性较低（Benedeti等，2010），这是由于引物错配和存在的病毒量较低造成的，但是在细胞培养分离后，它能够检测到相同的病毒。相反，基于3-IR引物/探针组的实时RT-PCR（Reid等，2004）和RT-LAMP甚至在细胞培养分离后仍无法扩增一个流行的亚系分支的基因组，因为3-IR探针靶序列和LAMP引物靶序列中存在突变。

目前正在开发新的分子检测方法，以提高现有方法的检测能力。这些新检测方法的特点是检测速度快，能够同时检测和鉴定不同的猪病毒，以及设备便携。

8.11 流行病学

8.11.1 传播

猪是已知的SVDV的唯一天然宿主。该病毒不会引起死亡，猪群的发病率可能较低，但是在一组猪（猪圈）中的发病率较高。该病毒可通过皮肤和黏膜损伤、口腔和呼吸道感染猪。当皮肤有损伤时，很少病毒即造成猪的感染。在发病前48h内，受感染的猪可从口鼻和粪便中排出病毒，并且在病毒血症期间，所有组织都含有病毒。SVDV在很宽的pH范围内是稳定的，因此不会因与死亡僵尸相关的正常pH变化而失活。尽管在粪便中可观察到长达3个月的病毒排泄，但大多数病毒在感染后第7天产生。破裂的囊泡（上皮和体液）是高滴度的病毒来源，而粪便是低滴度的病毒来源。

感染猪之间或与它们的排泄物直接接触是病毒传播的主要来源，通常在被污染的车辆或房屋内传播。正如《OIE陆生动物卫生法典》所详述的，亚临床感染动物的移动被认为是传播SVDV的最常见方式。大量猪源的运输经常导致小的破损，为病毒提供了入口。喂给猪的未经热处理的食物为受感染的肉类提供了另一种致病途径。

8.12 出现和历史

在欧洲，除了意大利以外，SVD仅偶尔报道，直到2015年在意大利才检测到该病毒。自1995年以来，该国一直在进行持续监测，根据国家监测和根除计划中规定的采样时间表进行采样监测，目的是通过粪便中的病毒检测和血清中的抗体检测来监测亚临床病毒的传播。

1966年，意大利首次出现SVD，在近50年的历史中，已经发现了四种主要的病毒抗原变异体（Brocchi等，1997）：第一种变异体对应于1966年在意大利分离出的第一种病毒；第二种包括20世纪70年代和80年代在欧洲及远东地区流传的病毒；第三种包括从1988—1992年仅在意大利传播的病毒；第四种变异体从1992—2015年持续存在。有趣的是，由最后一种变异体引起的疫情首先在荷兰报道（1992年），然后在西班牙和葡萄牙有零星报道。

从系统发育的角度来看，这四种抗原变异体分布在四个不同的遗传簇中。

由于有25年间在意大利流行收集的SVDV分离毒株，以及基于全基因组序列的分析，因此能够研究最新变异病毒的分子进化，在这些突变体中有两个主要亚系，这两个亚系都起源于一个可追溯到1990—1991年的独特的共同祖先。

名为A亚系的病毒可以分为两个不同的组：一组由1992—1995年在意大利传播的病毒组成，与在荷兰（1992年和1994年）和西班牙（1993年）检测到的分离株密切相关；第二组包括意大利和葡萄牙分离株，又分成两个明显的分支，这两个分支有共同的起源。这两个分支之间的时间距离较长且遗传差异较小，这表明较早分支（1995—1999年）的病毒在葡萄牙（2003年）或意大利（2004年）多年以来一直未被发现，并重新开始传播（Knowles等，2007），在中南部地区一直传播到2010年。

1993—2010年，B亚系病毒仅在意大利流行。该亚系在意大利北部和南部流行一段时间，从2000年开始在意大利南部得到维持，几乎完全形成亚临床型，而且在中北部地区有零星侵入，并很快被根除。在意大利北部的最后一次侵入发生在2006—2007年，有两次不同的流行浪潮（Bellini等，2010）。从2007—2010年，毒株来源于与亲本毒株共同传播的A和B的重组，后来在重组上仍保留了被检测到的独特变异体。

8.13 疾病的预防和控制：疫苗接种

国际立法（WOAH）针对 SVD 制定的控制措施一直局限于卫生预防。这些措施基于监测计划，包括清除受感染猪和接触猪（淘汰），动物和动物产品的移动管制和检疫，严格的进口要求以及对场所、运输车辆和设备的消毒。由于病毒粒子的物理性质，消毒极其重要：在环境中非常稳定，并且能抵抗 pH 2 ～ 12。一个很好的例子就是 2007 年在意大利暴发的疾病中所采取的措施（Bellini 等，2010；Nassuato 等，2013）。预防性（疫苗）或治疗性（抗病毒）干预措施从未被视为控制 SVD 的措施。的确，据我们所知，文献中没有报道过将任何化合物作为 SVDV 的治疗性抗病毒药物进行测试，事实上，目前没有针对该疾病的治疗或商业疫苗，尽管一些实验分析了不同制剂诱导保护性免疫的能力。20 世纪 70 年代，当这种疾病对欧洲造成巨大威胁时，一些著作分析了基于化学灭活病毒的经典配方。虽然这些研究并不详尽，但结果表明，在接种疫苗的动物中诱导对病毒感染的保护是可能的（Lahellec 和 Gourreau，1975；Mitev 等，1978）。继 20 世纪 90 年代欧洲和亚洲暴发重大疫情后，进一步的研究分析了重组技术生产的亚单位疫苗诱导的免疫反应。正如对其他小核糖核酸病毒如 FMDV 所做的一样，被选作免疫原的抗原主要是 SVDV 衣壳前体多肽（P1），呈现在不同的疫苗配方中（见第 3 章）。在对病毒的天然宿主猪进行单次注射后，细菌生产的重组 P1 不能诱导非常有效的免疫。即使动物产生了体液和细胞反应，也未检测到中和抗体（Jiménez-Clavero 等，1998），这可能是因为在这些结构中对识别中和抗体至关重要的构象表位没有被很好地模拟。最近，在豚鼠和猪中试验了一种基于 α 病毒复制子的自杀性 DNA 疫苗，该疫苗被认为以一种更类似于自然感染的方式递呈 P1 多肽（Sun 等，2007）。虽然在接受了 3 次肌内注射 DNA 疫苗后，6 头猪中有 4 头产生了中和抗体，但是当用活 SVDV 感染时，只有 50%（3/6）的猪受到保护。因此，为了开发出一种能够预防 SVDV 感染的有效疫苗，还有许多工作要做，包括对免疫相关性的免疫学研究，以便能够确定那些对预防病毒复制和疾病很重要的免疫反应参数。这些发现可能会导致国际立法规定的控制措施发生一些变化。

参考文献

图书在版编目（CIP）数据

猪病毒：致病机制及防控措施/（亚美）霍瓦金·扎卡良主编；封文海主译. —北京：中国农业出版社，2023.12

（世界兽医经典著作译丛）

书名原文：Porcine Viruses: From Pathogenesis to Strategies for Control

ISBN 978-7-109-31337-8

Ⅰ.①猪… Ⅱ.①霍…②封… Ⅲ.①猪病-病毒病-防治 Ⅳ.①S858.28

中国国家版本馆CIP数据核字（2023）第212145号

Porcine Viruses：From Pathogenesis to Strategies for Control

Edited By Hovakim Zakaryan

© Caister Academic Press, UK

This translation is published by arrangement with Caister Academic Press. All Rights Reserved.

本书中文版由Caister Academic Press授权中国农业出版社有限公司独家出版发行。本书内容的任何部分，事先未经出版者书面许可，不得以任何方式或手段刊载。

合同登记号：图字01-2020-3226号

猪病毒：致病机制及防控措施
ZHUBINGDU: ZHIBING JIZHI JI FANGKONG CUOSHI

中国农业出版社出版

地址：北京市朝阳区麦子店街18号楼

邮编：100125

责任编辑：周锦玉

版式设计：王 晨 责任校对：吴丽婷 责任印制：王 宏

印刷：北京印刷一厂

版次：2023年12月第1版

印次：2023年12月北京第1次印刷

发行：新华书店北京发行所

开本：700mm×1000mm 1/16

印张：9.75

字数：190千字

定价：98.00元

等，2015）。PEDV通过非依赖caspase的线粒体凋亡诱导因子（AIF）通路在体外和体内诱导凋亡性细胞死亡，该通路在PEDV复制和发病机制中起着至关重要的作用（Kim 和Lee，2014）。PEDV感染激活了3个主要的促分裂原活化蛋白激酶（MAPK）级联反应，涉及胞外信号调节激酶（ERK）、p38 MAPK 和c-Jun N端激酶（JNK）（Kim和Lee，2014，2015；Lee等，2016）。此外，PEDV

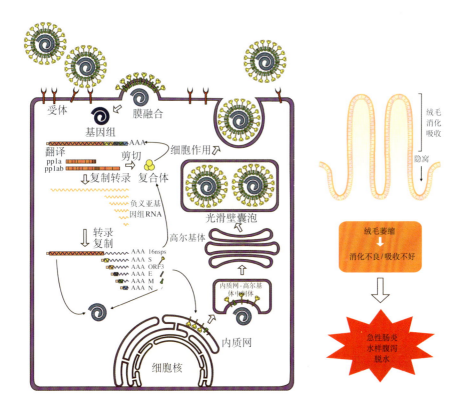

图5.3　PEDV复制和发病机制。 PEDV通过纤突蛋白结合小肠绒毛上皮细胞上的pAPN或迄今尚未鉴定的细胞受体。S蛋白介导的病毒囊膜与细胞膜融合，随后病毒穿入和脱壳。脱壳后，病毒基因组释放到细胞质中并立即翻译产生复制酶ppla和pp1ab。这些多聚蛋白被蛋白水解切割成16个NSPs，包含复制和转录复合物（RTC），该复合物首先参与利用基因组RNA的负义链RNA合成。全长和sg长度的负链均产生，并用于全长基因组RNA和sg mRNA的合成。每个sg mRNA均翻译，仅产生由sg mRNA的5'-ORF编码的蛋白质。有囊膜的S、E和M蛋白插入ER，并锚定在高尔基体中。 N蛋白与新合成的基因组RNA相互作用形成螺旋RNP复合物。子代病毒是通过将预先形成的RNP在ER-高尔基体中间室（ERGIC）上萌芽而组装，然后通过光滑的含病毒体小泡和胞浆膜融合胞吐样作用释放（Lai 等，2007），改编自Lee（2015）。 PEDV感染破坏靶细胞肠上皮细胞，导致绒毛萎缩和空泡化，结果破坏了营养物和电解质的消化和吸收，从而引起急性消化和吸收不良的水泻，最终导致新生仔猪严重和致命的脱水

似乎在感染的细胞中诱导内质网应激并激活NF-κB（Xu等，2013a、b）。因此，病毒复制和随后的病理变化取决于PEDV利用多种细胞内过程（如凋亡、MAPK信号传导和ER应激）的能力，这些过程是细胞对各种细胞外刺激的响应。

病毒感染后，宿主马上对入侵病毒反应，产生I型干扰素（IFN）。I型干扰素是天然抗病毒反应的关键因子。为了抵制先天免疫信号，包括冠状病毒在内的几种病毒已进化出不同的方式调节抗病毒细胞因子的激活，这些抗病毒细胞因子组成宿主先天免疫，特别是通过减少IFN的诱导和/或抑制IFN信号的途径（Perlman和Netland，2009）。像其他冠状病毒一样，PEDV已经演化出通过限制IFN产生来逃避IFN反应的某些机制，并编码了几种结构和非结构蛋白，这些蛋白可作为I型IFN拮抗剂（Xing等，2013；Cao等，2015；Zhang等，2016；Zhang和Yoo，2016）。PEDV还通过以蛋白酶体依赖性方式降解信号转导和激活转录因子（STAT）蛋白1而抑制I型IFN信号通路来拮抗IFN的抗病毒作用（Guo等，2016）。因此，PEDV通过破坏I型IFN的合成和信号传导途径逃避宿主的天然免疫，进而促进病毒的复制和致病作用。

5.5 病毒致病机制

5.5.1 传播

PEDV传播主要是通过直接或间接的粪-口途径在猪群之间和农场之间进行。没有媒介或储存宿主参与其传播（图5.4）。PEDV主要通过腹泻的粪便或呕吐物，以及受临床或亚临床感染的猪、运猪车、粪便或食物、场区、人（猪场主人或访客，例如穿污染工作服和鞋类的养猪者或拖车驾驶员），包括鸟类在内的野生动物或昆虫污染的环境侵入农场（Saif等，2012；Lowe等，2014）。其他受污染物，如母乳、饲料、食品、食品添加剂或配料，包括喷雾干燥的猪血浆，都可能是PEDV传播的潜在来源（Li等，2012；Dee等，2014；Opriessnig等，2014；Pasick等，2014）。在某些条件下，空气传播也可能在PEDV传播中发挥作用（Alonso等，2014）。

通常，该病毒可能在急性PEDV暴发后消失，或者由于卫生管理不当（例如消毒不当和生物安全性不佳）而持续在分娩单元中存在，或者可能持续存在于断奶或育肥设施中，导致没有死亡的轻度的断奶后腹泻（Lee，2015）。在后一种流行状态下，如果由于母猪疫苗接种不充分或由于乳腺炎、无乳症而导致泌乳不良，新生仔猪无法从母猪获得足够水平的母源抗体免疫，则在农场中流行的病毒将感染易感仔猪，作为流行病复发的根源，最终